Leitfaden Arithmetik

Hans-Joachim Gorski
Susanne Müller-Philipp

Leitfaden Arithmetik

Für Studierende der Lehrämter

6., aktualisierte und erweiterte Auflage

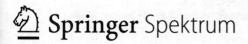
Springer Spektrum

Dr. Hans-Joachim Gorski
Dr. Susanne Müller-Philipp
Westfälische Wilhelms-Universität Münster
Institut für Didaktik der Mathematik und Informatik
Fliednerstraße 21
48149 Münster

gorski.jochen@math.uni-muenster.de
muephi@math.uni-muenster.de

ISBN 978-3-8348-1928-4

Die Deutsche Nationalbibliothek verzeichnet diese Publikation in der Deutschen Nationalbibliografie; detaillierte bibliografische Daten sind im Internet über http://dnb.d-nb.de abrufbar.

Springer Spektrum
© Vieweg+Teubner Verlag | Springer Fachmedien Wiesbaden GmbH 1999, 2004, 2005, 2008, 2009, 2012
Das Werk einschließlich aller seiner Teile ist urheberrechtlich geschützt. Jede Verwertung, die nicht ausdrücklich vom Urheberrechtsgesetz zugelassen ist, bedarf der vorherigen Zustimmung des Verlags. Das gilt insbesondere für Vervielfältigungen, Bearbeitungen, Übersetzungen, Mikroverfilmungen und die Einspeicherung und Verarbeitung in elektronischen Systemen.

Die Wiedergabe von Gebrauchsnamen, Handelsnamen, Warenbezeichnungen usw. in diesem Werk berechtigt auch ohne besondere Kennzeichnung nicht zu der Annahme, dass solche Namen im Sinne der Warenzeichen- und Markenschutz-Gesetzgebung als frei zu betrachten wären und daher von jedermann benutzt werden dürften.

Planung und Lektorat: Ulrike Schmickler-Hirzebruch, Barbara Gerlach
Einbandentwurf: KünkelLopka GmbH, Heidelberg

Gedruckt auf säurefreiem und chlorfrei gebleichtem Papier

Springer Spektrum ist eine Marke von Springer DE.
Springer DE ist Teil der Fachverlagsgruppe Springer Science+Business Media
www.springer-spektrum.de

Vorwort zur sechsten Auflage

„Eine Stelle im *Leitfaden Arithmetik* müssen wir bei jeder Neuauflage aktualisieren. Besteht Hoffnung, dass das mal irgendwann nicht mehr so sein wird?" „Sie meinen bestimmt die Hitliste der größten Primzahlen. Soll ich mal beweisen, dass die Suche nach noch größeren Primzahlen nie aufhören wird?" „Legen Sie los."

Dies ist ein kleiner Auszug aus einem Prüfungsgespräch mit einer Lehramtsstudentin (Grundschule, Mathematik als weiteres Fach). Gekonnt bewies sie, dass es unendlich viele Primzahlen gibt, erwähnte die beliebig großen Löcher in der Primzahlreihe und verkündete mit einem Anflug von Schadenfreude, dass es den Mathematikern bis heute noch nicht gelungen ist zu beweisen, dass es auch unendlich viele Primzahlzwillinge gibt.

Tatsächlich müssen die entsprechenden Ausführungen in Kapitel 3 regelmäßig aktualisiert werden. Immer wieder werden noch größere Primzahlen und Primzahlzwillinge entdeckt.

Wen interessiert das, werden Sie sich vielleicht fragen. Das sind doch „Spinner" oder „Sportler", je nach Blickwinkel, die sich mit solchen Fragen beschäftigen. Was hat es mit mir zu tun? Die Suche nach großen Primzahlen, die Entwicklung von effizienten Algorithmen zur Prüfung, ob eine Zahl eine Primzahl ist oder nicht, oder zur Zerlegung großer, richtig großer Primzahlen in ihre Primfaktoren geht uns aber alle an.

Ab Auflage Nr. 6 wird es deshalb eine weitere Stelle geben, wo regelmäßige Aktualisierungen angezeigt sind. Wir haben nämlich ein neues Kapitel „Kryptologie" aufgenommen, in dem wir Sie mit einem spannenden Feld der Anwendung der Zahlentheorie bekannt machen, dem Ver- und Entschlüsseln von Daten jeglicher Art. Es wird Sie von der Relevanz der mathematischen Grundlagen überzeugen, die Sie sich in den Kapiteln davor erarbeitet haben, auch für Ihr tägliches Leben. Da hier das Bedürfnis nach sicherer Verschlüsselung und der Ehrgeiz des Ausspionierens einen ständigen Wettstreit provozieren, werden Aktualisierungen unvermeidlich sein. Wir freuen uns darauf.

Mathematisches Hintergrundwissen, für die Mathematik typische Argumentationsformen, Verständnis für Verfahren und Zusammenhänge, aber auch

Freunde an diesem Tun, Staunen und Begeisterung wollen wir in der Lehrerausbildung erfahrbar machen. Der *Leitfaden Arithmetik* soll diesen Prozess unterstützen. Er wendet sich primär an Studierende mit den Studienzielen Lehramt Primarstufe und/oder Lehramt Sekundarbereich I bzw. an die angehenden Grund-, Haupt- und Realschullehrerinnen und -lehrer. Uns freut besonders, dass auch Studierende anderer Studiengänge offenbar vermehrt Gewinn aus unserem Lehrbuch ziehen.

Bei der Konzeption dieses Buches standen Überlegungen hinsichtlich der Lesbarkeit und Verstehbarkeit für uns immer im Vordergrund:

Hinsichtlich der Lesbarkeit haben wir uns an gängigen Theorien zur Textproduktion orientiert. Darüber hinaus haben wir die entwickelten Textbausteine immer wieder in der Praxis überprüft und anschließend optimiert. Dabei sind an zahlreichen Stellen, gerade bei Hinführungen und Rückblicken, Formulierungen unserer Studierenden in den *Leitfaden Arithmetik* eingeflossen. Diese implizite Mitarbeit wollten wir bewusst in Anspruch nehmen und wir bedanken uns an dieser Stelle dafür explizit.

Hinsichtlich der Verstehbarkeit greifen wir, neben einer generellen Ausrichtung an lernpsychologischen Erkenntnissen, unter anderem auf die folgenden methodischen Hilfsmittel zurück:

- Das deduktive (beweisende) Vorgehen wird bei als schwierig empfundenen Stellen induktiv vorbereitet. Es wird also keineswegs auf Beweise verzichtet, wohl aber werden sie häufig erst dann geführt, wenn das Verständnis des zu Beweisenden oder der Beweisidee am Beispiel sichergestellt wurde. Wo es möglich und sinnvoll ist, stellen wir Ihnen alternative Beweisideen zur Verfügung.

- Für zentrale Verfahren wie etwa den euklidischen Algorithmus, die Teilermengen-, ggT- und kgV-Bestimmung oder das Lösen diophantischer Gleichungen bieten wir verschiedene Darstellungsformen an.

- Viele Fragestellungen greifen wir mehrfach auf und bearbeiten sie mit den jeweils neu entwickelten Methoden.

- Mathematische Sätze und Verfahren werden von uns nicht um ihrer selbst willen bewiesen, sondern sollten Anwendungen nach sich ziehen. Auf der einen Seite bieten wir Ihnen im Buch vielfältige Anwendungs-/Übungsaufgaben an. Ohne in blinde Rezeptvermittlung abzugleiten, weisen wir Sie andererseits bei zentralen Verfahren auch musterhaft in Standardanwendungen ein.

Weil wir schließlich seit Langem wissen, dass Lernen immer dann besonders effektiv ist, wenn Lernende die Nützlichkeit des zu Lernenden einsehen, haben unsere Beispiele durchgehend einen Bezug zu Ihrer späteren Unterrichtspraxis.

Wir wünschen Ihnen viel Erfolg bei der Durcharbeitung des *Leitfadens Arithmetik* und weisen darauf hin, dass wir für Anregungen – insbesondere solche zur weiteren Erhöhung der Lesbarkeit und Verstehbarkeit – aus den Reihen der Leserschaft nach wie vor sehr dankbar sind.

Münster, im August 2011

                                Susanne Müller-Philipp   Hans-Joachim Gorski

Inhaltsverzeichnis

Vororientierung   xiii

- Was nicht vorkommen wird   xiii
- Einige Voraussetzungen in Kurzform   xiv
- Was stattdessen behandelt wird   xvii

0   Grundlegende Beweistechniken   1

0.1	Worum es in diesem Kapitel geht	1
0.2	Der direkte Beweis	2
0.3	Der indirekte Beweis	3
0.4	Der Beweis durch Kontraposition	5
0.5	Der Beweis durch vollständige Induktion	7
0.6	Zum Beweisen von Äquivalenzen	14

1   Die Teilbarkeitsrelation   16

1.1	Definition	16
1.2	Eigenschaften	17
1.3	Teilermengen	21
1.4	Hasse-Diagramme	23

2   Der Hauptsatz der elementaren Zahlentheorie   26

2.1	Vorüberlegungen	26
2.2	Der Hauptsatz	27
2.3	Folgerungen aus dem Hauptsatz	32

3 Primzahlen 41

3.1	Die Unendlichkeit der Menge $\mathbb{P}$	41
3.2	Verfahren zur Bestimmung von Primzahlen	44
3.3	Bemerkenswertes über Primzahlen	49

4 ggT und kgV 53

4.1	Zur Problemstellung	53
4.2	Definitionen	55
4.3	ggT, kgV und Primfaktorzerlegung	57
4.4	ggT, kgV und Hasse-Diagramme	64
4.5	Der euklidische Algorithmus	66
	Anschauliche Beschreibung des euklidischen Algorithmus	71
4.6	Die Menge der Vielfachen des ggT(a,b) und der Linearkombinationen von a und b	73
4.7	Lineare diophantische Gleichungen mit zwei Variablen	77
	Lösen von Anwendungssituationen zu linearen diophantischen Gleichungen	80

5 Kongruenzen und Restklassen 86

5.1	Vorüberlegungen	86
5.2	Definition der Kongruenz	88
5.3	Eigenschaften	90
5.4	Restklassen	95
5.5	Rechnen mit Restklassen	99
5.6	Anwendungen der Kongruenz- und Restklassenrechnung	108
	Teilbarkeitsüberlegungen	108
	Lösen linearer diophantischer Gleichungen	110
	Teilbarkeitsregeln	112
	Rechenproben	117

6 Kryptologie 121

6.1 Grundlegende Begriffe und erste einfache Beispiele 122
6.2 Symmetrische und asymmetrische Verfahren 125
6.3 Mathematische Grundlagen des RSA-Algorithmus 127
6.4 Der RSA-Algorithmus 130
6.5 Die Sicherheit des RSA-Algorithmus 133

7 Stellenwertsysteme 135

7.1 Zahldarstellungen 135
    Das ägyptische Zahlensystem 135
    Das römische Zahlensystem 136
    Das babylonische Zahlensystem 137
    Das Dezimalsystem 140
7.2 b-adische Ziffernsysteme 143
7.3 Die Grundrechenarten in b-adischen Stellenwertsystemen 148
7.4 Teilbarkeitsregeln in b-adischen Stellenwertsystemen 151

8 Alternative Rechenverfahren 160

8.1 Zur Einführung 160
8.2 Schriftliche Addition und Subtraktion 161
8.3 Schriftliche Multiplikation 164
    Die Gittermethode 165
    Das Verdoppelungsverfahren 168
    „Russisches Bauernmultiplizieren" 169
8.4 Schriftliche Division 170
    Das Subtraktionsverfahren 171
    Das Verdoppelungsverfahren 173

Literatur	174
Primzahltabelle	175
Stichwortverzeichnis	177

Vororientierung

Was nicht vorkommen wird

Es bezeichne

$\mathbb{N}$	die Menge der natürlichen Zahlen $\{1, 2, 3, 4, 5, ...\}$,
$\mathbb{Z}$	die Menge der ganzen Zahlen $\{0, \pm1, \pm 2, \pm3, \pm4, \pm5, ...\}$
$\mathbb{Q}$	die Menge der rationalen Zahlen und
$\mathbb{R}$	die Menge der reellen Zahlen.

Weiter sei $\mathbb{N}_0 := \mathbb{N} \cup \{0\}$. Es gilt $\mathbb{N} \subset \mathbb{N}_0 \subset \mathbb{Z} \subset \mathbb{Q} \subset \mathbb{R}$. Wir setzen im Folgenden das Rechnen in diesen Mengen als bekannt voraus, d.h., die Frage, was z.B. die natürlichen Zahlen eigentlich sind und wie sich das Rechnen mit ihnen axiomatisch begründen lässt (Peano-Axiome), wird hier nicht thematisiert.

Des Weiteren werden wir den im ersten Kapitel auftauchenden Begriff der Relation sowie Eigenschaften von Relationen nicht gesondert behandeln. Den meisten werden verschiedene Relationen (z.B. die Kleinerrelation) bekannt sein, ebenso wie Eigenschaften (z.B. transitiv, symmetrisch), die man an Relationen zu untersuchen pflegt. Den übrigen versichern wir, dass sie an den fraglichen Stellen „ad hoc" verstehen werden, was gemeint ist, auch ohne systematische Vorkenntnisse zu diesem Begriff.

Gewisse Grundkenntnisse über algebraische Strukturen werden wir als bekannt voraussetzen. Sicher sind Sie dem Begriff *Gruppe* schon mehrfach begegnet, auch sollte Ihnen klar sein, was eine *kommutative Gruppe* ist. Etwa die Menge der ganzen Zahlen zusammen mit der Addition ist eine kommutative Gruppe. Aber auch hier gilt: Da, wo diese Begriffe auftauchen (Kapitel über Restklassen), werden sie an Ort und Stelle – soweit für das Verständnis nötig – geklärt. Für den genannten Gruppenbegriff geschieht dies etwa in Kapitel 5.

Einige Voraussetzungen in Kurzform

1. $a, b \in \mathbb{Z}$.
   Dann gilt: Entweder $a = b$ oder $a \neq b$

2. Trichotomie:
   $a, b \in \mathbb{Z}$. Entweder $a = b$ oder $a < b$ oder $a > b$

3. Transitivität der Kleinerrelation:
   $a < b \wedge b < c \Rightarrow a < c$

4. Zu jedem $z \in \mathbb{Z}$ gibt es genau einen Nachfolger $z + 1$ (z').

5. Zu jedem $z \in \mathbb{Z}$ gibt es genau eine vorhergehende Zahl $z - 1$.

6. Jede endliche Menge ganzer Zahlen besitzt ein kleinstes Element. (Wohlordnung)

Verknüpfungen (seien $a, b, c \in \mathbb{Z}$)

7. Abgeschlossenheit bzw. Existenz
   wenn $a, b \in \mathbb{Z}$,
   dann $a + b \in \mathbb{Z}$ und $a \cdot b \in \mathbb{Z}$

8. Eindeutigkeit
   $a + b = c$ (genau ein c) $a \cdot b = c$ (genau ein c)

9. Kommutativität
   $a + b = b + a$ $a \cdot b = b \cdot a$

10. Assoziativität
    $(a + b) + c = a + (b + c)$ $(a \cdot b) \cdot c = a \cdot (b \cdot c)$

11. **Regularität**
    $a + c = b + c \Rightarrow a = b$
    $c + a = c + b \Rightarrow a = b$
    $a \cdot c = b \cdot c \Rightarrow a = b$ für $c \in \mathbb{Z} \setminus \{0\}$

12. **Distributivität**
    $(a + b) c = ac + bc$
    $c (a + b) = ca + cb$

13. **Neutrales Element**
    $a + 0 = a$ $a \cdot 1 = a$

14. **Inverses Element**
    $a, x \in \mathbb{Z}$
    $a + x = 0$
    $\quad x = -a$

15. **Subtraktion**
    $a + x = b$
    $\quad x = b - a$

16. $(+m)(+n) = (mn)$
    $(+m)(-n) = -(mn)$
    $(-m)(+n) = -(mn)$
    $(-m)(-n) = (mn)$

17. **Monotonie**
    $a < b \Rightarrow a + c < b + c$
    $a > b \Rightarrow a + c > b + c$

    $a < b \Rightarrow ac < bc$ für $c > 0$
    $a < b \Rightarrow ac > bc$ für $c < 0$

Darüber hinaus verwenden wir folgende Notationen / Abkürzungen:

für Aussageformen	A(n)
zur Bezeichnung der Lösungsmenge	$\mathbb{L}$
den All-Quantor in der Form:	$\forall\, n \in \mathbb{N}$ gilt: A(n) Für alle $n \in \mathbb{N}$ gilt A(n).
den Existenz-Quantor in der Form:	$\exists\, n \in \mathbb{N}$ mit: A(n) Es gibt ein $n \in \mathbb{N}$ für das A(n) gilt.
das logische „Und"	$n \in \mathbb{N} \;\land\; n < 3$
das logische „Oder"	a teilt n $\lor$ b teilt n

in Beweisen

als Abkürzung für „zu zeigen ist":	z.z.:
zur Kennzeichnung einer Begründung für einen Beweisschritt	/ n. Induktionsvoraussetzung
als Abk. für Distributivgesetz	DG ...
als Abk. für Assoziativgesetz	AG ...
als Abk. für Kommutativgesetz	KG ...

Was stattdessen behandelt wird

Wenngleich wir davon ausgehen, dass Ihnen *grundlegende Beweistechniken* aus Ihrem bisherigen Studium bekannt sind, haben wir uns dazu entschlossen, diese Techniken in Kapitel 0 gesondert zu thematisieren. Dabei wird es darum gehen, die zentralen Beweisverfahren zu memorieren, zu begründen und ihre Anwendung anhand von Beispielen einzuüben.

Ein wichtiges Anliegen dieses Buches ist es zu zeigen, wie man jede natürliche Zahl aus „Bausteinen" aufbauen kann. Die Suche nach solchen „Bausteinen" mit entsprechenden „Bauvorschriften" ist ein zentrales Anliegen der Mathematik. Die *Stellenwertschreibweise*, die gegen Ende behandelt wird, ist ein Beispiel hierfür. Ein anderes Beispiel ist die Darstellung von natürlichen Zahlen durch ihre *Primfaktorzerlegung*. In beiden Fällen muss man sowohl die *Existenz* als auch die *Eindeutigkeit* einer solchen Darstellung nachweisen. Die Existenz als auch die Eindeutigkeit (bis auf Reihenfolge) der Primzahlzerlegung natürlicher Zahlen ist Aussage des *Hauptsatzes der elementaren Zahlentheorie* (Kapitel 2).

Zunächst aber gilt es, die *Teilbarkeitsrelation* zu definieren und auf ihre Eigenschaften zu untersuchen. Begriffe wie *Teiler, Teilermengen, Primzahlen* und *Verfahren zu ihrer Darstellung und Ermittlung* werden in Kapitel 1 angesprochen.

Kapitel 3 macht Sie mit einigen interessanten *Fakten und Vermutungen über Primzahlen* bekannt. Unseres Erachtens liegt der Reiz der elementaren Zahlentheorie auch darin begründet, dass Aussagen, die einem mathematischen Laien verständlich sind, Mathematiker noch heute vor zum Teil unlösbare Probleme stellen.

Kapitel 4 wendet sich dem *größten gemeinsamen Teiler* (ggT) und dem *kleinsten gemeinsamen Vielfachen* (kgV) zu. Nicht nur zur Vorbereitung der Bruchrechnung sind diese Begriffe von Bedeutung. Auch Probleme des Sachrechnens führen auf die Bestimmung von ggT und kgV. Neben der Primfaktorzerlegung als ein Weg zur Ermittlung von ggT und kgV (Zusammenhang zu Kapitel 2) lernen Sie ein weiteres Verfahren zur Bestimmung des größten gemeinsamen Teilers zweier Zahlen kennen, das meist sehr viel schneller zum Ziel führt: den *euklidischen Algorithmus*. Dieser führt uns auch zur Darstellung des ggT(a,b) (und damit auch aller Vielfachen von diesem) als Linearkombination von a und b und damit zu den *linearen diophantischen Gleichungen*.

Nachdem wir uns ausführlich mit der Teilbarkeit befasst haben, liegt es nahe, diejenigen Zahlen, die bei Division durch eine feste natürliche Zahl m denselben Rest lassen, zu einer Menge, der so genannten *Restklasse*, zusammenzufassen. In Kapitel 5 zeigen wir, dass sich das Rechnen mit den Zahlen im Rechnen mit den Resten widerspiegelt, wodurch eine starke Vereinfachung von Beweisen und Rechnungen erzielt werden kann. An dieser Stelle werden u.a. die Ihnen sicher geläufigen *Teilbarkeitsregeln* (Endstellenregeln, Quersummenregeln) hergeleitet.

Kapitel 6 zu *Kryptologie* soll Ihnen zeigen, dass die bis dahin erarbeiteten Grundlagen Anwendungen nach sich ziehen, die unser aller tägliches Leben allgegenwärtig beeinflussen. Wir geben Ihnen einen kurzen, aber aussagefähigen Einblick in das sichere *Ver- und Entschlüsseln von Daten*, realisiert durch den *RSA-Algorithmus*. Manches, was Sie bis dahin vielleicht nur als zahlentheoretische „Spielereien" wahrgenommen haben, entpuppt sich nun als höchst relevant auf einem uns alle angehenden Gebiet der angewandten Mathematik.

Einen vorläufigen Abschluss bildet Kapitel 7 über *Stellenwertsysteme*. Hier werden Sie u.a. erfahren, welch geniale Erfindung unsere Art der *Zahldarstellung* ist, auch durch einen Blick in die Geschichte der Mathematik. Das *Rechnen in anderen Stellenwertsystemen* führt zu einem tieferen Verständnis des Prinzips unsere Zahldarstellung und der verwendeten Algorithmen. Gerade dieses Kapitel versetzt uns in besonderer Weise in die Lage von Grundschulkindern, die diese Darstellungsformen und die damit in Zusammenhang stehenden Algorithmen erst noch verstehen müssen.

Was stattdessen behandelt wird

Immer lauter, immer differenzierter und immer ernst zu nehmender wird seit Jahren die Kritik am unterrichtlichen Stellenwert der Standardalgorithmen für die schriftlichen Rechenverfahren:

- Brauchen wir die schriftlichen Rechenverfahren bei der heute breiten Verfügbarkeit von Taschenrechnern überhaupt noch? oder...
- Können wir die zeit- und fehlerintensiven Rechenverfahren getrost aus den Lehrplänen verbannen?
- Ist das immer gleichartige Abarbeiten von Algorithmen nicht schon lange Domäne unserer Maschinen, die aber auf der anderen Seite zum vernetzenden Denken, zum Strukturieren neuer offener Situationen, zum Lösen von Problemen wenig geeignet sind?
- Können wir vielleicht wenigstens auf einige dieser Algorithmen verzichten und so Räume für offenen Mathematikunterricht und Problemlöseverhalten schaffen?
- Bietet die Mathematik weniger zeit- und fehlerintensive „Ersatzverfahren" an, auch wenn sie vielleicht nicht das hohe Maß an Effizienz der bekannten Verfahren bieten.

Diesen und ähnlichen Fragestellungen kann sich heute kein mathematikdidaktisch Handelnder mehr verschließen. Einen Beitrag zu der letzten Frage wollen wir schließlich mit der Thematisierung von alternativen Rechenverfahren in Kapitel 8 leisten.

0 Grundlegende Beweistechniken

0.1 Worum es in diesem Kapitel gehen wird

Wenn Sie sich mit den Fragestellungen dieses Buches auseinandersetzen, dann haben Sie in Ihrem bisherigen Studium vermutlich bereits

- direkte Beweise,
- indirekte Beweise,
- Beweise durch Kontraposition,
- Beweise durch vollständige Induktion

kennen gelernt bzw. selbständig geführt.

Wir können also an dieser Stelle „hoffnungsvoll inmitten" damit beginnen, die genannten Beweistechniken zu memorieren, ihre Struktur und ihre Besonderheiten herauszustellen und sie danach durch Beispiele zu konkretisieren. Natürlich ist auch eine streng systematische Fundierung dieser Techniken interessant, hierauf werden wir jedoch im Hinblick auf das Verständnis und die Anwendbarkeit der genannten Verfahren verzichten.

Aus lernpsychologischer Sicht ist das Beweisen – nicht das Wiederholen oder Reproduzieren eines bereits vorexerzierten Beweises – dem Problemlösen zuzurechnen. Wenn Sie also mit einer Fragestellung der Form

„Beweisen Sie: Für alle $n \in \mathbb{N}$ gilt: $A(n) \Rightarrow B(n)$."

konfrontiert werden, dann steht Ihnen zunächst kein Algorithmus, kein Lösungsweg zur Verfügung, um diese Fragestellung in eine befriedigende Lösung zu überführen. Sie befinden sich mithin in einer sehr ähnlichen Situation, in der sich Grundschüler beim Lösen einer komplexeren Sachsituation befinden oder der sich ein Schüler des Sekundarbereichs I gegenübersieht, wenn er ein Verfahren zur Bestimmung des Flächeninhalts etwa von Trapezen (selbständig) finden oder begründen soll.

Die nun möglicherweise entstehende Hoffnung, durch intensive Lektüre der folgenden Seiten einen Algorithmus zum Beweisen mathematischer Sätze zu erwerben, müssen wir enttäuschen: Das Problemlösen im Allgemeinen und das Beweisen im Besonderen sind nicht algorithmisierbar, d.h., es kann kein generell gültiges „Rezept" zum Beweisen benannt werden. Wohl aber können mit den Beweistechniken weitgehend inhaltsfreie Techniken oder Verfahren ausfindig gemacht werden, die Lernpsychologen würden sie wohl als Strategien oder Metaregeln bezeichnen, deren Verfügbarkeit das Gelingen des Beweisens wahrscheinlicher machen.

Genau solche Strategien, die *Ihnen* das Beweisen in Zukunft (hoffentlich) erleichtern und die *wir* in den weiteren Kapiteln verwenden werden, wollen wir jetzt betrachten.

0.2 Der direkte Beweis

Wie können wir eine Implikation $A \Rightarrow B$
(in Worten: „wenn A, dann B" oder auch „A impliziert B")
beweisen?

Mathematische Theoriebildung geht von als wahr gesetzten Aussagen (Axiomen) und Definitionen aus und führt über einfache Sätze zu immer komplexeren Sätzen.

Beim direkten Beweis der Implikation $A \Rightarrow B$ geht man von der wahren Aussage A aus und folgert aus ihr über eine Argumentationskette $A_1, \ldots A_n$ die Gültigkeit von B. In dieser Argumentationskette können Axiome, Definitionen und / oder bereits bewiesene Sätze verwendet werden.
Damit hat ein direkter Beweis die allgemeine Struktur:

$$\begin{aligned} A &\Rightarrow A_1 \\ &\Rightarrow A_2 \\ &\Rightarrow A_3 \\ &\ldots \\ &\Rightarrow B \end{aligned}$$

Wir konkretisieren das Verfahren durch ein Beispiel:

Beh.: Für alle $n \in \mathbb{N}$ gilt:

$$\begin{array}{ccc} A & \Rightarrow & B \\ n \text{ ist gerade} & \Rightarrow & n^2 \text{ ist gerade.} \end{array}$$

Bew.: Es gilt:
n ist gerade
$\Rightarrow$ n = 2q , wobei $q \in \mathbb{N}$
$\Rightarrow$ $n^2 = (2q)^2$
$\Rightarrow$ $n^2 = 4q^2$
$\Rightarrow$ $n^2 = 2 \cdot 2q^2$, wobei $2q^2 = q_1 \wedge q_1 \in \mathbb{N}$
$\Rightarrow$ $n^2 = 2q_1$
$\Rightarrow$ n^2 ist gerade.

Dieser formale „Ablaufplan" des direkten Beweises führt im Vergleich mit den weiteren Beweistechniken nur in wenigen Fällen zu vorzeitiger Faltenbildung im Stirnbereich. In den folgenden Kapiteln sind die meisten Beweise direkt geführt. Erste typische Beispiele finden sich gleich zu Beginn des Kapitels 1.

0.3 Der indirekte Beweis

Wir beginnen unsere Überlegungen zum indirekten Beweis, der häufig auch als *Widerspruchsbeweis* oder *Beweis durch Widerspruch* bezeichnet wird, mit einem Exkurs in die Aussagenlogik.

In der Aussagenlogik wird die Implikation $A \Rightarrow B$ über die *Disjunktion*[1] $B \vee \neg A$ (B oder nicht A) definiert.

A	B	$\neg A$	$B \vee \neg A$	$A \Rightarrow B$
w	w	f	w	w
w	f	f	f	f
f	w	w	w	w
f	f	w	w	w

Abb. 1: Wahrheitstafel zur Implikation

Der ersten Zeile der Wahrheitstafel entnehmen wir: Die Implikation $A \Rightarrow B$ ist wahr, wenn Aussage A und Aussage B wahr sind.

---

[1] Die *Disjunktion* ist eine Verknüpfung von Aussagen durch das logische „oder".

Die Implikation ist falsch, wenn A wahr und B falsch ist (Zeile 2). Die beiden letzten Zeilen der Tafel dokumentieren, dass aus Falschem stets Beliebiges, also auch Falsches gefolgert werden kann.

Wahr ist die Implikation $A \Rightarrow B$ aber auch dann, wenn ihre Verneinung falsch ist. Bevor wir diesen Zusammenhang in einer Wahrheitstafel verifizieren werden, überlegen wir uns zum Aufbau der Tafel:

Die Implikation $A \Rightarrow B$ ist definiert als $B \vee \neg A$.
Unter der Verneinung der Implikation, also unter $\neg(A \Rightarrow B)$,
verstehen wir dann $\neg(B \vee \neg A)$, also $\neg B \wedge A$.

A	B	$\neg A$	$\neg B$	$A \Rightarrow B$ $B \vee \neg A$	$\neg(A \Rightarrow B)$ $\neg B \wedge A$
w	w	f	f	w	f
w	f	f	w	f	w
f	w	w	f	w	f
f	f	w	w	w	f

Abb. 2: Wahrheitstafel zur Verneinung einer Implikation

In den Spalten (5) und (6) erkennen wir:
$A \Rightarrow B$ ist tatsächlich wahr, wenn $\neg(A \Rightarrow B)$, also $\neg B \wedge A$ falsch ist.

Genau diese Tatsache nutzen wir bei der indirekten Beweisführung aus:

Die behauptete Implikation $A \Rightarrow B$ wird verneint.
Aus dieser Verneinung $\neg B \wedge A$ ziehen wir solange Schlussfolgerungen, bis wir zu einem offensichtlichen Widerspruch gelangen.
Damit ist die Verneinung der Implikation falsch, also ist die behauptete Implikation wahr – bewiesen.

Etwas rezeptologischer klingt das Vorgehen bei indirekten Beweisen etwa so:

1. Beim indirekten Beweis nehmen wir die Verneinung der Behauptung an und kennzeichnen sie als Annahme.
2. Die Annahme führen wir zu einem Widerspruch.
3. Beim Erreichen des Widerspruches wissen wir: Die Annahme war falsch.
4. Es gilt die Verneinung der Annahme, also die Behauptung.

Wir konkretisieren das Verfahren durch ein Beispiel:

Beh.: Für alle $n \in \mathbb{N}$ gilt:

$$\begin{array}{lcl} A & \Rightarrow & B \\ n \text{ ist ungerade} & \Rightarrow & n^2 \text{ ist ungerade.} \end{array}$$

Bew.: *Beim indirekten Beweis formulieren wir zunächst die Verneinung der Behauptung als Annahme.*

Annahme: $\neg B \;\wedge\; A$
Angenommen n^2 sei gerade $\wedge$ n sei ungerade.

Dann gilt:
$\quad n^2$ ist gerade $\wedge$ n ist ungerade
$\Rightarrow \quad n^2$ ist gerade $\wedge$ $n = 2q + 1$, wobei $q \in \mathbb{N}_0$
$\Rightarrow \quad n^2$ ist gerade $\wedge$ $n^2 = (2q+1)^2$
$\Rightarrow \quad n^2$ ist gerade $\wedge$ $n^2 = 4q^2 + 4q + 1$
$\Rightarrow \quad n^2$ ist gerade $\wedge$ $n^2 = 2(2q^2 + 2q) + 1$, wobei $2q^2 + 2q = q_1$
$\Rightarrow \quad n^2$ ist gerade $\wedge$ $n^2 = 2q_1 + 1$ $\wedge\; q_1 \in \mathbb{N}_0$
$\Rightarrow \quad n^2$ ist gerade $\wedge$ n^2 ist ungerade

Das ist ein Widerspruch.
Die Annahme ist also falsch.
Es gilt die Verneinung der Annahme, also die Behauptung.

0.4 Der Beweis durch Kontraposition

Der Beweis durch Kontraposition wird gern mit dem indirekten Beweis verwechselt. Um diesem typischen Fehler vorzubeugen und zu einem tieferen Verständnis des Kontrapositionsbeweises zu gelangen, beginnen wir ähnlich wie beim indirekten Beweis mit einem Exkurs in die Aussagenlogik.

Wir betrachten die Wahrheitswerte von Aussagen bzw. Aussagenverknüpfungen in einer Wahrheitstabelle:

A	B	¬A	¬B	$A \Rightarrow B$ $B \vee \neg A$	$\neg B \Rightarrow \neg A$ $\neg A \vee B$ [2]
w	w	f	f	w	w
w	f	f	w	f	f
f	w	w	f	w	w
f	f	w	w	w	w

Abb. 3: Wahrheitstafel zur Kontraposition

Über die Spalten (1) bis (5) der Tabelle wird analog zu Abbildung 2 die Implikation $A \Rightarrow B$ aufgebaut, die ja über die Oder-Verknüpfung $B \vee \neg A$ festgelegt ist.

Die in Spalte (6) aufgenommene Implikation $\neg B \Rightarrow \neg A$ ist *nicht* die Verneinung $A \Rightarrow B$. Die Verneinung von $A \Rightarrow B$ ist $\neg B \wedge A$ [3]. Damit ist die beliebteste Fehlerquelle dieses Kontextes herausgestellt.

$\neg B \Rightarrow \neg A$ heißt die *Kontraposition* zu $A \Rightarrow B$ und ein Blick auf die Wahrheitswerte in den beiden letzten Spalten zeigt, dass eine Implikation immer dann wahr ist, wenn auch ihre Kontraposition wahr ist.

Eine „Wenn ... , dann ... "-Aussage ist also gleichwertig zu ihrer Kontraposition.

Diese logische Gleichwertigkeit wird beim Beweis durch Kontraposition ausgenutzt:

Gelingt es nicht, die Behauptung $A \Rightarrow B$ ausgehend von der Voraussetzung A in einem direkten Beweis über eine Implikationskette A_1, A_2, ..., B zu beweisen, so kann eine oftmals Erfolg versprechende Strategie darin bestehen, die Kontraposition zu $A \Rightarrow B$, also $\neg B \Rightarrow \neg A$, zu beweisen.

Der Beweis der Kontraposition kann dann wieder direkt geführt werden, d.h. wir gehen von der Voraussetzung $\neg B$ aus und folgern über endlich viele Argumentationsschritte schließlich die Gültigkeit von $\neg A$. Aufgrund der Gleichwertigkeit von $\neg B \Rightarrow \neg A$ und $A \Rightarrow B$ ist damit die Behauptung bewiesen.

---

[2] Eigentlich $\neg A \vee \neg(\neg B)$, was aber gleichwertig zu $\neg A \vee B$ ist.
[3] Vergleiche hierzu Abbildung 2

Wir demonstrieren das Verfahren wieder an einem Beispiel:

Beh.: Für alle $n \in \mathbb{N}$ gilt:

$$\begin{array}{ccc} A & \Rightarrow & B \\ n^2 \text{ ist gerade.} & \Rightarrow & n \text{ ist gerade.} \end{array}$$

Bew.: (durch Kontraposition)
Wir stellen die Kontraposition zunächst deutlich heraus.

$$\begin{array}{ccc} \neg B & \Rightarrow & \neg A \\ \text{z.z.:} \quad n \text{ ist ungerade.} & \Rightarrow & n^2 \text{ ist ungerade.} \end{array}$$

Es gilt:
n ist ungerade
$\Rightarrow \quad n = 2q + 1$, wobei $q \in \mathbb{N}_0$
$\Rightarrow \quad n^2 = (2q + 1)^2$
$\Rightarrow \quad n^2 = 4q^2 + 4q + 1$
$\Rightarrow \quad n^2 = 2(2q^2 + 2q) + 1$, wobei $2q^2 + 2q = q_1 \wedge q_1 \in \mathbb{N}_0$
$\Rightarrow \quad n^2 = 2q_1 + 1$
$\Rightarrow \quad n^2$ ist ungerade.

Mit dem Beweis der Kontraposition ist die zu ihr äquivalente Behauptung bewiesen.

0.5 Der Beweis durch vollständige Induktion

Nicht selten beobachten wir einen Ausdruck des Leidens in den Gesichtern unserer Studentinnen[4] und Studenten, wenn in Lehrveranstaltungen Beweise durch vollständige Induktion unumgänglich sind. Offensichtlich haben also selbst „junge Semester" bereits spezifische Erfahrungen mit dieser Methode des Beweisens gesammelt.

Bei unseren folgenden Bemühungen, die emotional negativen Konnotationen abzubauen, legen wir das folgende Therapieschema zugrunde:

---

[4] Die Studentinnen sind an dieser Stelle aus konventionellen Gründen zuerst genannt.

1. Zunächst stellen wir die Grundlagen der Beweismethode heraus.
2. Danach formen wir aus diesen Grundlagen ein praktisch handwerkliches Schema für künftige Beweise.
3. Wir konkretisieren dieses Schema durch einige Beispielbeweise aus verschiedenen Bereichen.
4. Schließlich sollten Sie selbst einige Beispielbeweise führen.

Grundlagen der Beweismethode

Immer dann, wenn es gilt Aussagen, über natürliche Zahlen zu beweisen, kann das Beweisverfahren der vollständigen Induktion herangezogen werden. Es beruht auf dem Satz von der vollständigen Induktion:

Induktionssatz:

Sei $M \subseteq \mathbb{N}$ und es gelten die beiden folgenden Bedingungen:

I. $1 \in M$,
II. $\forall\, n \in \mathbb{N}$ gilt: $n \in M \Rightarrow (n+1) \in M$

Dann gilt: $M = \mathbb{N}$.

Mit Worten:

Wenn es eine gewisse Menge M von natürlichen Zahlen gibt, die die Zahl 1 enthält, und wenn zu jedem beliebigen Element n der Menge M auch sein Nachfolger (n+1) zur Menge M gehört, dann muss die Menge M mit der Menge $\mathbb{N}$ identisch sein.

„Liegt auf der Hand", werden Sie sagen, „aber was hat´s mit vollständiger Induktion zu tun?"

Nun – Wir haben die Menge M bislang rein formal betrachtet und ihr keine spezifische Bedeutung zugewiesen. Jetzt erinnern wir uns daran, dass wir die vollständige Induktion als Beweisverfahren für Aussagen verwenden wollen, die für (alle) natürlichen Zahlen n gelten.

0.5 Der Beweis durch vollständige Induktion

In diesem Zusammenhang macht es Sinn, die Menge M als Lösungsmenge einer Aussageform A(n) zu betrachten[5]. Aus dieser neuen Sicht bedeutet dann im Induktionssatz die

Bedingung I: „ $1 \in M$ ":
  1 gehört zur Lösungsmenge der Aussageform.
  Oder auch: Die Aussage A(1) ist wahr.

Entsprechend bedeutet dann die

Bedingung II: „$\forall\ n \in \mathbb{N}$ gilt: $n \in M \Rightarrow (n+1) \in M$ ":
  Immer wenn eine Zahl n zur Lösungsmenge unserer Aussageform gehört, dann auch die Zahl (n+1).

  Oder auch: Immer wenn die Aussage A(n) wahr ist, dann ist auch die Aussage A(n+1) wahr.

Nach diesen Überlegungen kann der Induktionssatz neu formuliert werden:

Induktionssatz':

Sei A(n) eine Aussageform mit der Grundmenge $\mathbb{N}$.
Wenn die beiden folgenden Bedingungen erfüllt sind, ...

I. A(1) ist eine wahre Aussage [6] und

II. $A(n) \Rightarrow A(n+1)$; immer wenn die Aussage A(n) wahr ist, dann auch die Aussage A(n+1) [7]

... dann ist die Lösungsmenge M der Aussageform A(n) die Menge $\mathbb{N}$. [8]

Daran, dass wirklich beide Bedingungen erfüllt sein müssen, sollten Sie sich zu einem späteren Zeitpunkt nach Beispielen von „unvollständiger Induktion" (Übung 4 in 1.2 und Übung 3 in 3.2) erinnern.

---

[5] Grundmenge der Aussageform A(n) ist dann natürlich $\mathbb{N}$.

[6] m.a.W.: 1 gehört zur Lösungsmenge M der Aussageform.

[7] m.a.W.: Mit n gehört immer auch (n+1) zur Lösungsmenge M der Aussageform.

[8] m.a.W.: A(n) wird bei Einsetzung jedes beliebigen $n \in \mathbb{N}$ wahr.

Ein Schema für vollständige Induktionen

In seiner Neuformulierung legt der Induktionssatz die Bestandteile eines Induktionsbeweises sehr schön offen:

Vollständige Induktionen bestehen grundsätzlich aus zwei Teilen:
  I.   dem Induktionsanfang und
  II. dem Induktionsschritt

zu (I.) Induktionsanfang

Im Induktionsanfang ist A(1) zu zeigen. D.h.: An dieser Stelle ist etwa durch eine Gleichungs- bzw. Implikationskette oder auch verbal zu begründen, dass die Behauptung A(n) bei Einsetzung von n=1 wahr ist.

zu (II.) Induktionsschritt

Im Induktionsschritt gilt es zu beweisen, dass unter der Voraussetzung der Wahrheit von A(n) auch A(n+1) wahr ist, kurz A(n) $\Rightarrow$ A(n+1).
Dabei bezeichnet man die Gültigkeit von A(n) als *Induktionsannahme* oder *Induktionsvoraussetzung*.

An dieser Stelle des Beweises wird zunächst stets die Induktionsvoraussetzung A(n) explizit herausgestellt (aufgeschrieben), denn sie muss im Beweis des Induktionsschrittes unbedingt in die Argumentation einfließen. Nach der Notation der Induktionsvoraussetzung stellen wir ebenso deutlich heraus, was wir im Induktionsschritt zu zeigen haben, nämlich A(n+1).

Erst wenn für die jeweils konkrete Behauptung das Ziel der Aktivitäten dieser Beweisphase vollkommen klar und schriftlich notiert ist, kann damit begonnen werden, den Beweis für A(n) $\Rightarrow$ A(n+1) zu führen, der in vielen Fällen die Struktur eines direkten Beweises haben wird.

Für diesen Teil der vollständigen Induktion können wir Ihnen kein verbindliches Schema, kein Rezept an die Hand geben, denn Sie wissen ja: Das Beweisen ist ein kreativer Akt, ein Problemlöseprozess und als solcher nicht algorithmisierbar.

Es sei schließlich noch darauf hingewiesen, dass der Induktionssatz dahingehend erweitert werden kann, dass die Induktion nicht notwendig bei n=1, sondern bei einem beliebigen m $\in$ $\mathbb{N}$ beginnen kann. Beim Beweis ent-

0.5 Der Beweis durch vollständige Induktion

sprechender Behauptungen („$\forall\, n \in \mathbb{N}$ mit n≥m gilt: ...") ist dann im Induktionsanfang A(m) zu zeigen.

Mit gewissen Einschränkungen lässt sich die vollständige Induktion mit dem Demonstrieren des Ersteigens einer Leiter vergleichen:

I. Zunächst bringt man einem Unwissenden bei, wie er auf die erste Sprosse der Leiter gelangt („Induktionsanfang")

II. Danach erklärt man dem Lernenden um Gottes willen *nicht*, wie er auf die zweite Sprosse kommt, denn in diesem Fall wäre eine weitere Erklärung für die dritte Sprosse fällig, für die vierte, die fünfte usw.
Der mathematisch Vorgebildete erklärt dem Unwissenden vielmehr, wie er von einer beliebigen Sprosse zur folgenden gelangt.

Beispiele

Wir geben im Folgenden zwei Beispiele zur vollständigen Induktion.

Beispiel 1:

Beh.: Die Summe der ersten n ungeraden Zahlen ist gleich n^2, also:
Für alle $n \in \mathbb{N}$ gilt: $1 + 3 + \ldots + (2n-1) = n^2$

Bew.: durch vollständige Induktion[9]

I. Induktionsanfang

Die Behauptung gilt für n = 1, denn
$2 \cdot 1 - 1 = 1 = 1 \cdot 1 = 1^2$

---

[9] Natürlich würden wir eine solche Aussage lieber graphisch begründen, aber hier geht es uns um die Demonstration des Prinzips der vollständigen Induktion.

II. Induktionsschritt

Induktionsvoraussetzung: $1 + 3 + \ldots + (2n-1) = n^2$

z.z.:
$1+3+ \ldots + (2n-1) = n^2 \Rightarrow 1+3+ \ldots + (2n-1) + (2(n+1)-1) = (n+1)^2$

$\qquad$ A(n) $\qquad \Rightarrow \qquad$ A(n+1)

Es gilt:
$$\begin{aligned}
& 1 + 3 + \ldots + (2n-1) + (2(n+1)-1) \\
&= n^2 + (2(n+1)-1) \quad \text{/n. Induktionsvoraussetzung} \\
&= n^2 + 2n + 2 - 1 \\
&= n^2 + 2n + 1 \\
&= (n+1)^2
\end{aligned}$$

Beispiel 2:

Als zweites Beispiel greifen wir ein einfaches Färbungsproblem aus der Topologie heraus[10]. Die in die Beweisführung aufgenommenen Abbildungen dienen der Veranschaulichung, sie gehören nicht zum Beweis.

Hinführung:
Wir betrachten eine ebene Landkarte mit n paarweise zueinander verschiedenen Geraden. Die dabei entstehenden Gebiete sollen nun derart gefärbt werden, dass zwei benachbarte Gebiete, die jeweils mehr als nur einen Grenzpunkt gemeinsam haben, stets verschiedene Farben bekommen. Wie viele verschiedene Farben braucht man mindestens?

Beh.: Die von n Geraden erzeugte Landkarte lässt sich mit zwei Farben in der geforderten Art färben.

Bew.: durch vollständige Induktion

I. Induktionsanfang

Die Behauptung gilt für n = 1:
Eine Gerade erzeugt auf der Landkarte zwei Gebiete G_1 und G_2. Wir färben G_1 mit Farbe 1 und G_2 mit Farbe 2.

---

[10] vergleiche hierzu: Müller-Philipp, S., Gorski, H.-J. 2012^5, S. 39f

0.5 Der Beweis durch vollständige Induktion

II. Induktionsschritt

Induktionsvoraussetzung:

Eine Landkarte mit n Geraden lässt sich mit zwei Farben derart färben, dass benachbarte Gebiete stets verschiedene Farben bekommen.

z.z.: Wenn sich eine Landkarte aus n Geraden mit zwei Farben färben lässt, dann lässt sich auch eine Landkarte aus (n+1) Geraden mit zwei Farben färben.

Es gilt:
Wir betrachten die Landkarte mit n Geraden, die nach Induktionsvoraussetzung mit zwei Farben färbbar ist. Nehmen wir jetzt eine (n+1)-te Gerade hinzu, ist die Färbung der Karte nicht mehr korrekt (s. rechts).

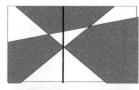

Vertauschen wir jedoch auf einer Seite der neuen Geraden alle Gebietsfärbungen, so erhalten wir wieder eine korrekt gefärbte Karte.

Also lässt sich auch eine aus (n+1) Geraden erzeugte Landkarte mit zwei Farben derart färben, dass benachbarte Gebiete stets unterschiedliche Färbung haben.

Suchen Sie in dem folgenden „Induktionsbeweis" den Argumentationsfehler:

Behauptung: In einen Koffer passen unendlich viele Paare Socken.

Beweis:
Induktionsanfang: n = 1
In einen leeren Koffer passt ein Paar Socken.

Induktionsschluss: n → n + 1
In einem Koffer sind n Paar Socken. Ein weiteres Paar Socken passt immer noch rein (Erfahrungstatsache). Also passen in den Koffer (n + 1) Paare Socken. Also ist die Zahl der Sockenpaare unendlich.

0.6 Zum Beweisen von Äquivalenzen

Das Kapitel 0 sei mit einem generellen Hinweis zum Beweisen von Äquivalenzen beendet.

Die aus den beiden Implikationen zusammengesetzte Aussage
$A \Rightarrow B \;\wedge\; B \Rightarrow A$ heißt *Äquivalenz* $A \Leftrightarrow B$ (A genau dann, wenn B).

Ist eine Behauptung vom Typ „Äquivalenz $A \Leftrightarrow B$" zu beweisen, so geschieht dies …

a) im Regelfall durch den Rückgang auf die Definition der Äquivalenz als $A \Rightarrow B \;\wedge\; B \Rightarrow A$.
   Das heißt: Der Beweis wird in zwei Schritten geführt. Im ersten Teil wird die Teilbehauptung $A \Rightarrow B$, im zweiten Teil die Teilbehauptung $B \Rightarrow A$ nachgewiesen. Die Äquivalenz ist bewiesen, wenn beide Beweisteile gelingen.

b) im „glücklichen" Ausnahmefall über eine Kette von Äquivalenzumformungen der Art:
$$\begin{aligned} A &\Leftrightarrow \ldots \\ &\Leftrightarrow \ldots \\ &\Leftrightarrow \ldots \\ &\Leftrightarrow B \end{aligned}$$

Hierbei ist zu beachten, dass von Zeile zu Zeile *ausschließlich* bereits bewiesene Äquivalenzen verwendet werden.

Im bisherigen Verlauf dieses Kapitels haben wir die beiden folgenden Behauptungen für alle natürlichen Zahlen n bewiesen:

$$\begin{aligned} &\text{n ist gerade} &\Rightarrow\quad& n^2 \text{ ist gerade} \\ \text{und}\quad &n^2 \text{ ist gerade} &\Rightarrow\quad& \text{n ist gerade} \end{aligned}$$

Offensichtlich haben wir hier eine Äquivalenzaussage vorliegen:

Für alle $n \in \mathbb{N}_0$ gilt: n ist gerade $\Leftrightarrow$ n^2 ist gerade

Wir haben diese Äquivalenzaussage bereits bewiesen, indem wir die Teilimplikationen getrennt gezeigt haben.

0.6 Zum Beweisen von Äquivalenzen

Hätten wir diese Aussage nicht auch in Form von Äquivalenzumformungen beweisen können? Wie könnte das aussehen?

   n ist gerade und $n \in \mathbb{N}_0$

$\Leftrightarrow$ $n = 2q$, wobei $q \in \mathbb{N}_0$

$\Leftrightarrow$ $n^2 = (2q)^2$

$\Leftrightarrow$ $n^2 = 4q^2$

$\Leftrightarrow$ $n^2 = 2 \cdot 2q^2$, wobei $2q^2 = q_1 \wedge q_1 \in \mathbb{N}_0$

$\Leftrightarrow$ $n^2 = 2q_1$

$\Leftrightarrow$ n^2 ist gerade

Beim Gefahrenzeichen ist äußerste Vorsicht geboten, denn in der Richtung von unten nach oben wird die Wurzel gezogen, was im Normalfall keine Äquivalenz in der oben beschriebenen Weise darstellt, denn aus $n^2 = (2q)^2$ folgt $n = 2q$ oder $n = -2q$. Da 2, q und n aber aus $\mathbb{N}_0$ stammen, wäre hier das Äquivalenzzeichen zu vertreten. Noch problematischer ist die Folgerung von unten nach oben in der Zeile mit dem Stopp-Schild. Wir wissen nur, dass $q_1 \in \mathbb{N}_0$, nicht aber, dass q_1 eine gerade Zahl ist, in der sich noch eine Quadratzahl als Faktor verbirgt.

Wie gesagt, das Beweisen von Äquivalenzaussagen gelingt nur in seltenen Ausnahmefällen durch konsequente Äquivalenzumformungen.

Übung: Beweisen Sie durch vollständige Induktion über n.

a) Für alle $n \in \mathbb{N}$ gilt: $2^0 + 2^1 + 2^2 + \ldots + 2^{n-1} = 2^n - 1$.

b) Für alle $n \in \mathbb{N}$ gilt: $(a^m)^n = a^{m \cdot n}$
   Tipp: Halten Sie m fest und führen Sie die Induktion nach n.

c) Die Menge $M = \{1, 2, 3, \ldots, n\}$, $n \in \mathbb{N}$, hat genau 2^n Teilmengen.

d) Für alle $n \in \mathbb{N}$ gilt: $1^2 + 2^2 + 3^2 + \ldots + n^2 = \dfrac{1}{6} n \, (n+1) \, (2n+1)$

1 Die Teilbarkeitsrelation

1.1 Definition

Dividiert man eine ganze Zahl durch eine andere ganze Zahl, so geht diese Rechnung oft nicht auf, d.h. es bleibt ein Rest. 15 lässt bei Division durch 4 den Rest 3, teilt man -12 durch 5, so bleibt ein Rest von -2 (denn es gilt $-12 = -2 \cdot 5 - 2$) bzw. $+3$ ($-12 = -3 \cdot 5 + 3$). Anders ist es bei $18 : 6 = 3$ oder $-35 : (-7) = 5$. 18 lässt sich durch 6 ohne Rest dividieren, denn $18 = 3 \cdot 6$, -35 lässt sich durch -7 ohne Rest dividieren, denn $-35 = 5 \cdot (-7)$. In solchen Fällen sagt man „6 teilt 18" oder „6 ist ein Teiler von 18" oder „18 ist teilbar durch 6". Wir definieren deshalb allgemein:

Definition 1: Teilbarkeitsrelation

Es seien a, b $\in \mathbb{Z}$. a heißt *Teiler* von b genau dann, wenn es ein q $\in \mathbb{Z}$ gibt mit $b = q \cdot a$.

Sprechweise: a ist Teiler von b oder a teilt b
Schreibweise: $a \mid b$

Beispiele:
$9 \mid 27$, denn $27 = 3 \cdot 9$ mit $3 \in \mathbb{Z}$
$-10 \mid (-50)$, denn $-50 = 5 \cdot (-10)$, $5 \in \mathbb{Z}$
$17 \mid (-102)$, denn $-102 = -6 \cdot 17$, ...
$8 \mid 0$, denn $0 = 0 \cdot 8$, ...
$1 \mid 123456789$, denn $123456789 = 123456789 \cdot 1$, ...

Gibt es keine ganze Zahl q mit $b = q \cdot a$, so sagt man „a ist kein Teiler von b" oder kurz „a teilt nicht b", geschrieben $a \nmid b$. So gilt z.B. $4 \nmid 13$, $2 \nmid (-5)$ und $0 \nmid 95$.

Als unmittelbare Folgerung aus Definition 1 ergibt sich, dass ± 1 und $\pm a$ Teiler von a sind. Man bezeichnet sie als *triviale* oder *unechte Teiler* von a, entsprechend bezeichnet man alle anderen Teiler von a als *echte Teiler*.

Hat man gezeigt, dass a ein Teiler von b ist, indem man die Existenz einer Zahl q $\in \mathbb{Z}$ mit $b = q \cdot a$ nachgewiesen hat, so hat man in q gleich noch einen weiteren Teiler von b gefunden: $q \mid b$, denn es gibt ein $a \in \mathbb{Z}$ mit $b = a \cdot q$.

Schließlich gilt in der Menge der ganzen Zahlen bezüglich der Multiplikation das Kommutativgesetz: a · q = q · a. Man nennt q und a dann *Komplementärteiler*.

Übung:
1) Welche der folgenden Aussagen sind wahr, welche falsch?
   a) $-13 \nmid 65$ b) $2 \mid 0$ c) $11 \mid 1331$ d) $25 \mid 880$

2) Geben Sie alle echten Teiler von 30 an. Welche sind zueinander komplementär?

3) Zeigen Sie: $0 \mid a \Rightarrow a = 0$

1.2 Eigenschaften

Aus der Definition 1 der Teilbarkeitsrelation lassen sich nun einige wichtige Eigenschaften dieser Relation herleiten:

Satz 1: Für alle $a, b, c \in \mathbb{Z}$ gilt:

1) $a \mid b$ und $b \mid c \Rightarrow a \mid c$,
   die Teilbarkeitsrelation ist also *transitiv*.
2) $a \mid a$, die Teilbarkeitsrelation ist also *reflexiv*.
3) $a \mid b$ und $b \mid a \Rightarrow |a| = |b|$

Beweis:

Zu 1): $a \mid b$ und $b \mid c$
$\Rightarrow \exists\, q_1, q_2 \in \mathbb{Z}: b = q_1 \cdot a \wedge c = q_2 \cdot b$ /Def. „|"
$\Rightarrow q_2 \cdot (q_1 \cdot a) = c$ /b=... in c=... eingesetzt
$\Rightarrow (q_2 \cdot q_1) \cdot a = c$ /AG von · in $\mathbb{Z}$
$\Rightarrow q \cdot a = c$ /mit $q = q_2 \cdot q_1$ und $q \in \mathbb{Z}$ (Abgeschl. von · in $\mathbb{Z}$)
$\Rightarrow a \mid c$ [1] /Def. „|"

---

[1] Wir haben in der Argumentation explizit gezeigt, wie in den Beweis Eigenschaften der ganzen Zahlen einfließen. In Zukunft werden wir i.d.R. zugunsten der Lesbarkeit auf diese deutlichen Herausstellungen verzichten.

zu 2): $\quad a = 1 \cdot a$ /1 neutrales Element
$\Rightarrow \quad \exists\, q \in \mathbb{Z}\ (q = 1): a = q \cdot a$
$\Rightarrow \quad a \mid a$ / Def. "$\mid$"

zu 3): $\quad a \mid b$ und $b \mid a$
$\Rightarrow \quad \exists\, q_1, q_2 \in \mathbb{Z}: b = q_1 \cdot a\ \wedge\ a = q_2 \cdot b$ /Def. "$\mid$"
$\Rightarrow \quad a = q_2 \cdot (q_1 \cdot a)$ /b=... in a=... eingesetzt
$\Rightarrow \quad a = (q_2 \cdot q_1) \cdot a$ /AG von $\cdot$ in $\mathbb{Z}$
Da $a \in \mathbb{Z}$ folgt: $\quad q_2 \cdot q_1 = 1$ /1 neutrales Element
Da $q_1, q_2 \in \mathbb{Z}$ gilt: $q_1 = q_2 = 1$ oder $q_1 = q_2 = -1$
$\Rightarrow \quad$ entweder $a = b$ oder $a = -b$ /wegen $a = q_2 \cdot b$
m.a.W.: $|a| = |b|$.

Eine wichtige Eigenschaft der Teilbarkeitsrelation bezüglich der Multiplikation gibt der folgende Satz an:

Satz 2: Produktregel

Für alle $a, b, c, d \in \mathbb{Z}$ gilt: $a \mid b$ und $c \mid d \Rightarrow ac \mid bd$

Beweis:

$a \mid b \Rightarrow \exists\, q_1 \in \mathbb{Z}$ mit $b = q_1 \cdot a$
$c \mid d \Rightarrow \exists\, q_2 \in \mathbb{Z}$ mit $d = q_2 \cdot c$

Einsetzen für b und d ergibt: $bd = (q_1 \cdot a)(q_2 \cdot c) = (q_1 \cdot q_2) \cdot ac$.
Es gibt also ein $q \in \mathbb{Z}$, nämlich $q = q_1 \cdot q_2$, mit $bd = q \cdot ac$, also $ac \mid bd$.

Satz 2 ist nicht umkehrbar, wie das folgende Gegenbeispiel zeigt: Es gilt zwar $6 \cdot 10 \mid 8 \cdot 15$, aber weder gilt $6 \mid 8$ und $10 \mid 15$ noch gilt $6 \mid 15$ und $10 \mid 8$.

Da 1 und d stets Teiler von d sind, kann man in Satz 2 $c = 1$ und $c = d$ setzen und erhält die folgenden Spezialfälle:

Satz 2a: Für alle $a, b, d \in \mathbb{Z}$ gilt:
1) $a \mid b\ \ (\wedge\ 1 \mid d) \Rightarrow a \mid bd$
2) $a \mid b\ \ (\wedge\ d \mid d) \Rightarrow ad \mid bd$

1.2 Eigenschaften

Die erste Aussage des Satzes 2a ist nicht umkehrbar. Es gilt z.B. $4\,|\,2\cdot 6$, aber nicht $4\,|\,2$. Die zweite Aussage ist jedoch mit der einschränkenden Bedingung $d \neq 0$ umkehrbar. Der Beweis sei Ihnen zur Übung überlassen.

Es stellt sich nun die Frage, ob es bezüglich der Addition eine analoge Eigenschaft der Teilbarkeitsrelation gibt. Jedenfalls gilt <u>nicht</u>:
$a\,|\,b$ und $c\,|\,d \Rightarrow a+c\,|\,b+d$,
denn $1\,|\,3$ und $2\,|\,4$, aber $1+2 \nmid 3+4$.
Stattdessen gilt:

Satz 3: Summenregel

Für alle $a, b, c, r, s \in \mathbb{Z}$ gilt: $a\,|\,b$ und $a\,|\,c \Rightarrow a\,|\,rb+sc$

Beweis:

$\quad\quad a\,|\,b \Rightarrow a\,|\,rb$ /Satz 2a
$\land \quad a\,|\,c \Rightarrow a\,|\,sc$ /Satz 2a
$\Rightarrow \quad \exists\, q_1, q_2 \in \mathbb{Z}$ mit $rb = q_1 \cdot a$ und $sc = q_2 \cdot a$ /Def. „$|$"

Addition beider Gleichungen liefert:

$\Rightarrow \quad rb + sc = q_1 \cdot a + q_2 \cdot a$
$\Rightarrow \quad rb + sc = (q_1 + q_2) \cdot a$ /DG $\cdot, +$ in $\mathbb{Z}$
$\Rightarrow \quad a\,|\,rb+sc$, da $(q_1 + q_2) \in \mathbb{Z}$ /Def. „$|$"

Auch bei diesem Satz fragen wir uns wieder, ob auch die Umkehrung gilt. Aber wieder belehrt uns ein Gegenbeispiel schnell eines Besseren. Es gilt $2\,|\,3\cdot 3 + 5\cdot 5$, es gilt aber nicht $2\,|\,3$ und $2\,|\,5$.

Setzen wir in Satz 3 $r = s = 1$ bzw. $r = 1$ und $s = -1$, so erhalten wir die folgenden Spezialaussagen:

Satz 3a: Für alle $a, b, c \in \mathbb{Z}$ gilt:
$a\,|\,b$ und $a\,|\,c \Rightarrow a\,|\,b+c$ und $a\,|\,b-c$

Veranschaulichungen zu Satz 3a

2 | 6 (denn 6=3·2)
2 | 4 (denn 4=2·2)
2 | 6+4
2 | 6–4

eine Veranschaulichung
zu Satz 3
2 | 2 · 6 + 3 · 4

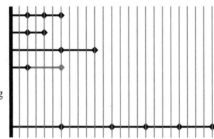

Bisher haben wir die Teilbarkeitsrelation auf der Menge der ganzen Zahlen untersucht. Wenn wir uns bei den weiteren Teilbarkeitsüberlegungen nur noch auf die Menge der natürlichen Zahlen konzentrieren, dann ist der Grund hierfür im folgenden Satz 4 zu sehen, dessen Beweis Ihnen zur Übung überlassen sei:

Satz 4: Für alle a, b ∈ ℤ gilt:
a | b ⇔ |a| | |b|

Übung:
1) Beweisen Sie Satz 4.

2) Beweisen Sie:
Für alle a, b, c ∈ ℤ gilt: a | b und a | b + c ⇒ a | c

3) Zeigen oder widerlegen Sie: d | ab ⇒ d | a oder d | b

4) Behauptung: Für alle n ∈ ℕ gilt: $6 | (3n^2 + 3n + 3)$

Zeigen Sie, dass man den Induktionsschluss n → n + 1 durchführen kann (Hinweis: Summenregel).

Zeigen Sie, dass diese Behauptung dennoch unsinnig ist, da der Induktionsanfang nicht durchführbar ist.

1.3 Teilermengen

Definition 2: Teilermenge

Die Menge aller positiven Teiler einer Zahl a $\in \mathbb{N}$, also die Menge $T(a) = \{x \in \mathbb{N} \mid x \mid a\}$, bezeichnet man als *Teilermenge* von a.

Lässt man in Definition 2 auch a = 0 und x = 0 zu, so gilt $T(0) = \mathbb{N}_0$. Dies ist die einzige unendlich große Teilermenge, die sogar die 0 enthält.

Beispiele:
$T(6) = \{1, 2, 3, 6\}$
$T(9) = \{1, 3, 9\}$
$T(7) = \{1, 7\}$
$T(24) = \{1, 2, 3, 4, 6, 8, 12, 24\}$
$T(0) = \{0, 1, 2, 3, 4, ...\}$

Zweckmäßigerweise wird man bei der Suche nach den Teilern einer Zahl a systematisch vorgehen. Man beginnt mit dem kleinsten Teiler (trivialer Teiler 1) und notiert jeweils sofort den Komplementärteiler (trivialer Teiler a), sucht den nächst größeren Teiler und notiert den Komplementärteiler usw. Die Suche ist spätestens bei $\sqrt{a}$ beendet. Beispiele:

30	
1	30
2	15
3	10
5	6

48	
1	48
2	24
3	16
4	12
6	8

64	
1	64
2	32
4	16
8	8

Wie wir wissen, hat jede natürliche Zahl a > 1 mindestens zwei Teiler, und zwar 1 und a. Nur 1 besitzt lediglich sich selbst als Teiler. Bei zwei Zahlen aus den Beispielen (7 und 23) bestand die Teilermenge auch nur aus diesen beiden unechten Teilern. Diese Zahlen wollen wir besonders kennzeichnen.

Definition 3: Primzahl

Eine Zahl $a \in \mathbb{N}\backslash\{1\}$ heißt *Primzahl* oder *prim*, wenn sie keine echten Teiler besitzt, also wenn $T(a) = \{1, a\}$, sonst *zusammengesetzt*.

Das Wort prim bedeutet dasselbe wie primitiv, im Sinne von ursprünglich, nicht weiter zurückführbar. Mit 12 Plättchen kann man verschiedene Rechtecke legen, z.B.

Mit einer primen Anzahl von Plättchen lässt sich nur die letzte, langweilige Art von Rechteck legen.

Ein anderes Modell ist das des Messens von Strecken. Jede Strecke der Länge a Meter kann mit a Stäben der Länge 1 m (Einheit) ausgemessen werden (oder mit einem Stab der Länge a Meter). Primzahlen kann man nur mit der Einheit ausmessen (bzw. mit sich selbst), bei *zusammengesetzten Zahlen* sind dagegen noch andere Maße möglich:

$6 = 1 \cdot 6$
$ = 2 \cdot 3$
$ = 3 \cdot 2$
$ = 6 \cdot 1$

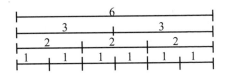

Oben wurden die Teilermengen von 6, 24 und 48 angegeben. Es fällt auf, dass T(6) in T(24) enthalten ist, und T(24) wiederum eine Teilmenge von T(48) ist. Es ist nahe liegend zu vermuten, dass dies wegen $6 \mid 24$ und $24 \mid 48$ so ist. Tatsächlich gilt allgemein:

Satz 5: Es seien a, b $\in \mathbb{N}$ und T(a) und T(b) die Teilermengen von a und b. Dann gilt: $a \mid b \Leftrightarrow T(a) \subseteq T(b)$.[2]

---

[2] Satz 5 stellt den Zusammenhang zwischen Zahlentheorie und Mengenalgebra her. Betrachten wir einerseits die natürlichen Zahlen mit der Teilbarkeitsrelation und andererseits die Menge der Teilermengen T mit der Inklusion, so haben wir eine bijektive und strukturerhaltende, also isomorphe Abbildung φ von $\mathbb{N}$ nach T mit $\varphi(a) = T(a)$ vorliegen.

Beweis:

"⇒" Sei c ein beliebiges Element aus T(a), also c | a. Da a | b gilt wegen Satz 1, (1) auch c | b. Also gilt c ∈ T(b) für alle c ∈ T(a), also T(a) ⊆ T(b).

"⇐" Da a ∈ T(a) und T(a) ⊆ T(b) gilt auch a ∈ T(b), also a | b.

Übung: 1) Bestimmen Sie
        a) T(32)   b) T(60)   c) T(210)

       2) Beweisen oder widerlegen Sie:
        a) $a^2 | b^2 \Leftrightarrow T(a^2) \subseteq T(b^2)$
        b) $a | b \Leftrightarrow T(a^2) \subseteq T(b^2)$

       3) Eine natürliche Zahl a heißt vollkommen, wenn die Summe aller Elemente von T(a) gleich 2a ist. Finden Sie zwei vollkommene Zahlen.

1.4 Hasse-Diagramme

Zur Veranschaulichung von Relationen wie der Teilbarkeitsrelation eignen sich Pfeildiagramme. Jedem Element wird ein Punkt zugeordnet. Ein Pfeil drückt aus, ob zwei Elemente in Relation zueinander stehen, in diesem Fall, ob eine Zahl a eine Zahl b teilt.

Für die Teilermenge von 6 sieht das Pfeildiagramm folgendermaßen aus:

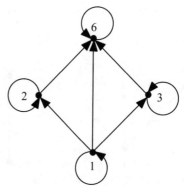

In Satz 1 hatten wir festgestellt, dass für alle a ∈ ℤ a|a gilt, die Teilbarkeitsrelation also reflexiv ist. Das führt in dem Pfeildiagramm dazu, dass jedes Element einen „Ringpfeil" besitzt, also einen Pfeil, der das Element wieder mit sich selbst verbindet. Ohne Informationsverlust können wir damit alle Ringpfeile fortlassen.

Satz 1 besagte weiterhin, dass die Teilbarkeitsrelation transitiv ist. Zu zwei Pfeilen von a nach b und b nach c in unserem Diagramm gibt es also immer einen „Überbrückungspfeil", der direkt von a nach c führt. Wir können also auch alle Überbrückungspfeile fortlassen.

Vereinbart man schließlich noch, dass die Pfeile stets von unten nach oben zeigen sollen, so können wir auch noch auf die Pfeilspitzen verzichten.

Wir erhalten so ein vereinfachtes Pfeildiagramm, das man *Hasse-Diagramm* nennt.

Rechts sehen Sie also das Hasse-Diagramm der Teilermenge von 6, also T(6).

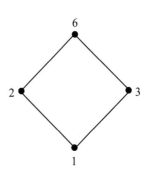

Weitere Beispiele von Hasse-Diagrammen zu

M = {1, 3, 5, 7, 9}   T(8) = {1, 2, 4, 8}   T(10) = {1, 2, 5, 10}

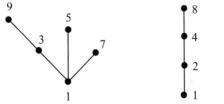
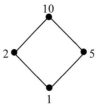

1.4 Hasse-Diagramme

T(54) = {1, 2, 3, 6, 9, 18, 27, 54}

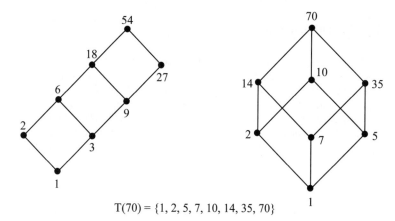

T(70) = {1, 2, 5, 7, 10, 14, 35, 70}

Eine systematische Charakterisierung der Hasse-Diagramme von Teilermengen benötigt den Hauptsatz der elementaren Zahlentheorie, der Gegenstand des folgenden Kapitels ist. Wir werden auf die Hasse-Diagramme deshalb später noch einmal vertiefend zurückkommen.

Übung:
1) Zeichnen Sie die Hasse-Diagramme zu
   a) M = {1, 2, 3, 4, 5, 6}   b) T(27)   c) T(36)

2) Finden Sie eine Teilermenge T(a), deren Hasse-Diagramm die folgende Form hat:

a)   b)

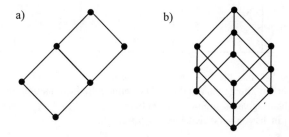

2 Der Hauptsatz der elementaren Zahlentheorie

2.1 Vorüberlegungen

Erfahrungsgemäß können wir die natürlichen Zahlen durch fortgesetztes Addieren allesamt aus der 1 erzeugen. Es gibt auch eine Möglichkeit, die natürlichen Zahlen multiplikativ aufzubauen. Der Schlüssel für dieses Vorgehen liegt in den Primzahlen. Sie wissen, dass man jede natürliche Zahl größer 1 so lange zerlegen kann, bis sie als Produkt von lauter (nicht notwendigerweise verschiedenen) Primzahlen dargestellt ist. Die 1 wird dabei nur zum Aufbau der 1 selbst gebraucht, weswegen man sie auch nicht zu den Primzahlen rechnet.

Definition 1: Primfaktorzerlegung

Wenn eine natürliche Zahl a > 1 gleich dem Produkt von k Primfaktoren ist, also $a = p_1 \cdot p_2 \cdot p_3 \cdot ... \cdot p_k$, dann heißt dieses Produkt *Primfaktorzerlegung* (PFZ) von a. Ist a eine Primzahl, dann heißt a Primfaktorzerlegung von a.

Einen ersten Beleg dafür, dass eine solche Primfaktorzerlegung existiert, liefert das folgende Verfahren zu ihrer Ermittlung:

Schritt Nr.	Division durch die kleinstmögliche Zahl ≠ 1, bei der kein Rest bleibt	Notieren dieser Zahl als Faktor	Stopp bei Ergebnis 1
1	6600 : 2 = 3300	2	weiter
2	3300 : 2 = 1650	·2	weiter
3	1650 : 2 = 825	·2	weiter
4	825 : 3 = 275	·3	weiter
5	275 : 5 = 55	·5	weiter
6	55 : 5 = 11	·5	weiter
7	11 : 11 = 1	·11	Stopp

6600 hat also die PFZ $6600 = 2 \cdot 2 \cdot 2 \cdot 3 \cdot 5 \cdot 5 \cdot 11 = 2^3 \cdot 3 \cdot 5^2 \cdot 11$. Natürlich könnte man in dieser Darstellung die Primfaktoren in einer anderen Reihenfolge aufschreiben, z.B. $6600 = 2 \cdot 3 \cdot 5 \cdot 11 \cdot 2 \cdot 5 \cdot 2$. Wir wollen dann aber nicht von verschiedenen PFZ sprechen.

Was aber gibt uns die Sicherheit, dass es für jede Zahl nur eine einzige mögliche Primfaktorzerlegung (bis auf die Reihenfolge) gibt? So selbstverständlich, wie die Eindeutigkeit der PFZ erscheinen mag, ist sie nicht. Betrachten wir die Menge $G \subset \mathbb{N}$, $G = \{2n, n \in \mathbb{N}\} \cup \{1\} = \{1, 2, 4, 6, 8, 10, 12, ...\}$ zusammen mit der üblichen Multiplikation. Analog zu Kapitel 1 definieren wir auf G die Teilbarkeitsrelation, den Begriff der Primzahl etc.

Die kleinste Primzahl in G ist 2. 4 ist in G eine zusammengesetzte Zahl, denn $4 = 2 \cdot 2$, $2 \in G$. 6 ist in G eine Primzahl, denn 6 hat in G keine echten Teiler (für den einzigen Kandidaten 2 gibt es kein $g \in G$ mit $6 = 2 \cdot g$). 8 ist eine zusammengesetzte Zahl, denn es gilt z.B. $8 = 2 \cdot 4$ mit $2, 4 \in G$. 10 ist in G wieder eine Primzahl. Offenbar sind in G alle Zahlen prim, die nicht durch 4 teilbar sind.

Betrachten wir nun die Zahl 60 und ihre Primfaktorzerlegung in G. 2 und 30 sind in G Primzahlen und es gilt $60 = 2 \cdot 30$. 6 und 10 sind in G ebenfalls Primzahlen und es gilt $60 = 6 \cdot 10$. In unserer Menge G ist die Primzahlzerlegung keinesfalls eindeutig.

Übung:
1) Bestimmen Sie nach dem oben dargestellten Verfahren eine Primfaktorzerlegung für   a) 198   b) 10725

2) Die Menge $F \subset \mathbb{N}$ bestehe aus 1 und allen Vielfachen von 5: $F = \{1, 5, 10, 15, 20, ...\}$. Auf ihr sei die übliche Multiplikation definiert.

a) Bestimmen Sie die ersten fünf Primzahlen in F.

b) Geben Sie eine Zahl aus F an, die mehr als eine PFZ in F besitzt.

2.2 Der Hauptsatz

Wir werden den Hauptsatz in Teilschritten aufbauen und beweisen. Zunächst werden wir zeigen, dass jede natürliche Zahl $a > 1$ durch mindestens eine Primzahl teilbar ist, insbesondere der kleinste echte Teiler von a eine Primzahl ist. Sodann beweisen wir, dass jedes $a > 1$ mindestens eine Primfaktorzerlegung besitzt (Existenz) und schließlich, dass es nur eine solche PFZ gibt (Eindeutigkeit bis auf Reihenfolge).

Satz 1: Satz vom kleinsten Teiler

Jede natürliche Zahl a > 1 hat mindestens eine Primzahl als Teiler. Insbesondere ist der kleinste Teiler d von a, d > 1, eine Primzahl.

Beweis: (indirekt)

Die Menge T(a)\{1} ist nicht leer, da sie a enthält.
Sei d das kleinste Element in T(a)\{1}[1].
Ist d eine Primzahl, so sind wir fertig.

Angenommen, das kleinste Element d aus T(a)\{1} sei eine zusammengesetzte Zahl; dann hat d wenigstens einen echten Teiler p mit 1 < p < d.

Aus $p \mid d$ und $d \mid a \Rightarrow p \mid a$ /Transitivität von „ $\mid$ " (Satz 1, Teil 1, Kap. 1)

Damit liegt p in T(a)\{1}, und das steht im Widerspruch zu der Annahme, d sei das kleinste Element in dieser Menge. Also muss d eine Primzahl sein.

Satz 2: Existenz der Primfaktorzerlegung

Jede natürliche Zahl a > 1 besitzt mindestens eine Primfaktorzerlegung.

Beweis: Wir führen den Beweis über vollständige Induktion.

Induktionsanfang: n = 2 besitzt die PFZ 2 = 2.

Induktionsvoraussetzung: Alle natürlichen Zahlen ≥ 2 und $\leq n$ besitzen mindestens eine PFZ.
Z.z. ist, dass dann n+1 ebenfalls mindestens eine PFZ besitzt.

Induktionsschluss n $\rightarrow$ n+1

Ist n+1 eine Primzahl, so sind wir fertig. Ist n+1 keine Primzahl, so gibt es zwei Zahlen a, b $\in \mathbb{N}$ mit n+1 = a · b und $1 < a \leq n$ und $1 < b \leq n$. Nach Induktionsvoraussetzung sind a und b damit als Produkte von Primzahlen darstellbar. Damit ist auch n+1 = a · b ein Produkt aus Primzahlen.

Sie sind noch kein Freund von Induktionsbeweisen? Nun gut, wir bieten Ihnen einen alternativen Beweis an, der zwar schreibaufwendiger ist, aber

---

[1] Wir benutzen hier den Satz von der Wohlordnung der natürlichen Zahlen, nach dem jede nichtleere Teilmenge von $\mathbb{N}$ genau ein kleinstes Element besitzt, eine Folgerung aus dem Induktionsaxiom.

2.2 Der Hauptsatz

sehr ähnlich dem Vorgehen, wenn Sie eine konkrete natürliche Zahl in Primfaktoren zerlegen. Wie würden Sie das machen, z.B. bei der Zahl 60?

Sie suchen den kleinsten echten Teiler d_1 von 60, der nach Satz 1 eine Primzahl ist, und dividieren 60 durch diesen Teiler:

$$60 = 2 \cdot 30$$

Anschließend untersuchen Sie den Komplementärteiler $q_1 = 30$ zu $d_1 = 2$ darauf, ob er eine Primzahl ist. Wenn das der Fall ist, sind Sie fertig, sie haben die PFZ gefunden. Ist q_1 keine Primzahl wie in diesem Beispiel, so wissen Sie aber nach Satz 1, dass q_1 einen kleinsten echten Teiler d_2 hat, der eine Primzahl ist. Im Beispiel ist das wieder die 2. Sie dividieren also q_1 durch d_2:

$$60 = 2 \cdot 2 \cdot 15$$

Sie untersuchen nun $q_2 = 15$ darauf, ob Sie eine Primzahl vor sich haben. Falls dies so wäre, hätten Sie die PFZ gefunden. Da 15 aber nicht prim ist, können wir 15 durch den kleinsten echten Teiler $d_3 = 3$ dividieren und erhalten für das Ergebnis der Division $q_3 = 5$. Also:

$$60 = 2 \cdot 2 \cdot 3 \cdot 5$$

Jetzt ist q_3 eine Primzahl, wir haben die PFZ von 60 gefunden.

Wir haben durch die Art der Notation schon den allgemeinen Argumentationsweg vorbereitet und formulieren jetzt den

alternativen Beweis zu Satz 2:

Sei a eine natürliche Zahl > 1.

Nach Satz 1 hat a einen kleinsten Teiler > 1, der eine Primzahl ist. Das kann a selbst sein. Dann sind wir fertig und a = a ist die gesuchte PFZ.

Ist a nicht prim, so ist der kleinste Teiler > 1, den wir d_1 nennen, eine Primzahl und es gilt:

$$a = d_1 \cdot q_1 \qquad \text{mit } d_1 \in \mathbb{P}\,[2], q_1 < a$$

Nach Satz 1 hat q_1 einen kleinsten Teiler > 1, der eine Primzahl ist. Das kann q_1 selbst sein. Dann sind wir fertig und $a = d_1 \cdot q_1$ ist die gesuchte PFZ.

Ist q_1 nicht prim, so ist der kleinste echte Teiler von q_1, den wir d_2 nennen, eine Primzahl und es gilt:

$$a = d_1 \cdot d_2 \cdot q_2 \qquad \text{mit } d_1, d_2 \in \mathbb{P}, q_2 < q_1 < a$$

---

[2] Mit $\mathbb{P}$ bezeichnet man die Menge der Primzahlen.

Wieder kann es sein, dass q_2 eine Primzahl ist. Dann ist die PFZ gefunden. Anderenfalls besitzt q_2 einen kleinsten echten Teiler d_3, der eine Primzahl ist, und es gilt:

$$a = d_1 \cdot d_2 \cdot d_3 \cdot q_3 \qquad \text{mit } d_1, d_2, d_3 \in \mathbb{P}, q_3 < q_2 < q_1 < a$$

Dieses Verfahren wird nach endlich vielen Schritten zu einem glücklichen Ende, sprich zu einem Produkt von lauter Primzahlen, führen, denn die Werte für q_i bilden eine streng monoton fallende Folge natürlicher Zahlen, die irgendwann abbricht.

Nachdem nun die Existenz einer Primfaktorzerlegung für jede natürliche Zahl ausgiebig bewiesen wurde, formulieren wir den Hauptsatz der elementaren Zahlentheorie, der zusätzlich die Eindeutigkeit dieser Primfaktorzerlegung feststellt. Nur diese Eindeutigkeit ist dann noch zu beweisen.

Satz 3: Hauptsatz der elementaren Zahlentheorie

Jede natürliche Zahl $a > 1$ besitzt eine (bis auf die Reihenfolge der Faktoren) eindeutige Primfaktorzerlegung.

Beweis: Wir nehmen an, es gäbe eine nichtleere Menge M natürlicher Zahlen mit wesentlich verschiedenen Primfaktorzerlegungen. Sei n das kleinste Element dieser Menge M [3]. Dann besitzt n zwei Darstellungen als Faktoren von Primzahlen: $n = p_1 \cdot p_2 \cdot \ldots \cdot p_r$ und $n = q_1 \cdot q_2 \cdot \ldots \cdot q_s$.

Zunächst überlegen wir, dass jeder Faktor p_i von jedem Faktor q_j verschieden sein muss. Wäre dies nämlich nicht der Fall, so könnte man n in beiden Darstellungen durch diesen identischen Primfaktor dividieren und erhielte eine natürliche Zahl kleiner als n, die zwei wesentlich verschiedene Primfaktorzerlegungen hätte. Das steht aber im Widerspruch zu der Annahme, dass n die kleinste Zahl mit dieser Eigenschaft ist. Also gilt:

$n = p_1 \cdot p_2 \cdot \ldots \cdot p_r = q_1 \cdot q_2 \cdot \ldots \cdot q_s$ mit $p_i \neq q_j$ für alle i und j, p_i, q_j prim

Ohne Beschränkung der Allgemeinheit können wir annehmen, dass $p_1 < q_1$. Wir betrachten nun die drei folgenden natürlichen Zahlen

$a = n : p_1 = p_2 \cdot \ldots \cdot p_r$
$b = n : q_1 = q_2 \cdot \ldots \cdot q_s$
$c = n - p_1 \cdot b$ (da $p_1 < q_1$ ist $p_1 \cdot b < n$ und damit $c > 0$)

---

[3] Auch hier benutzen wir wieder den Satz von der Wohlordnung von $\mathbb{N}$.

2.2 Der Hauptsatz

Alle drei Zahlen sind kleiner als n, besitzen damit also eine eindeutige Primfaktorzerlegung. Aufgrund unserer Wahl von a und b gilt $n = p_1 \cdot a$ und $n = q_1 \cdot b$. Wir setzen dies für n in $c = n - p_1 \cdot b$ ein und erhalten:

$c = n - p_1 \cdot b = p_1 \cdot a - p_1 \cdot b = p_1 \cdot (a - b)$ sowie
$c = n - p_1 \cdot b = q_1 \cdot b - p_1 \cdot b = (q_1 - p_1) \cdot b$.

Aufgrund der ersten Gleichung kommt p_1 in der Primfaktorzerlegung von c vor. Da diese eindeutig ist, muss p_1 auch in der Primfaktorzerlegung von $(q_1 - p_1)$ oder in der von b vorkommen (zweite Gleichung). Da p_1 aber b nicht teilt gilt $p_1 | (q_1 - p_1)$. Zusätzlich gilt $p_1 | p_1$, wir können also Satz 3a aus Kapitel 1 anwenden:

$p_1 | p_1$ und $p_1 | (q_1 - p_1) \Rightarrow p_1 | (p_1 + (q_1 - p_1)) \Rightarrow p_1 | q_1$.

Da $p_1 \neq q_1$ bedeutet dies aber, dass q_1 keine Primzahl ist. Also sind wir durch unsere Annahme, n besäße eine zweite Primzahlzerlegung, zu einem Widerspruch gelangt. Die Primfaktorzerlegung muss also eindeutig sein.

Eine kleine Schwachstelle hat dieser Beweis allerdings noch. Wir haben bisher nur für Zahlen ≥ 2 von Primfaktorzerlegungen gesprochen. Es könnte sein, dass die im Beweis definierten Zahlen a, b oder c gleich 1 sind. Dann könnte der Satz „Alle drei Zahlen sind kleiner als n, besitzen damit also eine eindeutige Primfaktorzerlegung" so nicht stehen bleiben. Man könnte jetzt vereinbaren, auch bei 1 von einer PFZ zu reden (was oft auch gemacht wird, 1 = 1 wird dann die PFZ von 1 genannt), oder überlegen, dass a, b und c im obigen Beweis nicht 1 sein können. Wir bevorzugen den letzten Weg.

Angenommen $a = 1$. Nach unserer Wahl von a folgt dann $n = p_1 \cdot a = p_1$.
n ist also eine Primzahl und hat als solche eine eindeutige PFZ, was im Widerspruch zur Annahme steht, dass n die kleinste Zahl mit mehr als einer PFZ ist. a kann also nicht 1 sein. Analog bringt man die Annahme $b = 1$ zum Widerspruch. Angenommen, $c = 1$. Dann folgt $c = n - p_1 \cdot b = p_1 \cdot a - p_1 \cdot b = p_1 \cdot (a - b) = 1$ und damit $p_1 = 1$ und $(a - b) = 1$, ein Widerspruch zur Voraussetzung, dass p_1 eine Primzahl ist.

Die Primfaktorzerlegung ist wie gesagt nur eindeutig bis auf die Reihenfolge der Faktoren. Zudem treten Primfaktoren oft mehrfach auf. Aus Gründen der Übersichtlichkeit werden wir die Primfaktoren nach der Größe der Basen sortieren und gleiche Faktoren zu Potenzen zusammenfassen. Eine solche Darstellungsform nennt man *kanonische Primfaktorzerlegung*.

Beispiele: $12 = 2^2 \cdot 3$
$27 = 3^3$
$150 = 2 \cdot 3 \cdot 5^2$
$5929 = 7^2 \cdot 11^2$
$8575 = 5^2 \cdot 7^3$

Für die Formulierung verschiedener Sätze und Beweise ist es vorteilhaft, statt der ausführlichen Schreibweise $n = p_1^{n_1} \cdot p_2^{n_2} \cdot \ldots \cdot p_r^{n_r}$ die verkürzte Darstellung $n = \prod_{i=1}^{r} p_i^{n_i}$ oder noch allgemeiner $n = \prod_{p \in \mathbb{P}} p^{n_p}$ zu wählen, wobei in der letztgenannten Darstellung p die Menge der Primzahlen $\mathbb{P}$ durchläuft und $n_p = 0$, wenn p in der Primfaktorzerlegung von n nicht vorkommt.

Beispiel: $1617 = \prod_{p \in \mathbb{P}} p^{n_p} = 2^0 \cdot 3^1 \cdot 5^0 \cdot 7^2 \cdot 11^1 \cdot 13^0 \cdot 17^0 \cdot \ldots$

Übung:
1) Bestimmen Sie die kanonische Primzahlzerlegung von
   a) 420   b) 8450   c) 9261   d) 19125

2) Beweisen Sie das folgende Quadratzahlkriterium:
   $a \in \mathbb{N}\setminus\{1\}$ ist eine Quadratzahl $\Leftrightarrow$ alle Exponenten der Primfaktorzerlegung von a sind gerade

2.3 Folgerungen aus dem Hauptsatz

Der Hauptsatz erlaubt es uns nun, weitere Aussagen über die Teilbarkeit natürlicher Zahlen und die Mächtigkeit von Teilermengen zu folgern, die Struktur von Hasse-Diagrammen von Teilermengen systematisch zu untersuchen sowie einen wichtigen Satz über ein Charakteristikum von Primzahlen aufzustellen. Als erste Folgerung formulieren wir

Satz 4:   Teilbarkeitskriterium

Es seien $a, b \in \mathbb{N}\setminus\{1\}$ mit $a = \prod_{p \in \mathbb{P}} p^{n_p}$ und $b = \prod_{p \in \mathbb{P}} p^{m_p}$.

Dann gilt: $a \mid b \Leftrightarrow n_p \leq m_p$ für alle p.

2.3 Folgerungen aus dem Hauptsatz 33

Beweis:

„$\Rightarrow$" Wenn $a \mid b$ dann gibt es ein $c \in \mathbb{N}$ mit $b = a \cdot c$. c besitze die PFZ

$$c = \prod_{p \in \mathbb{P}} p^{k_p}. \text{ Dann gilt: } \prod_{p \in \mathbb{P}} p^{m_p} = \prod_{p \in \mathbb{P}} p^{n_p} \cdot \prod_{p \in \mathbb{P}} p^{k_p} = \prod_{p \in \mathbb{P}} p^{n_p + k_p}.$$

Da die Primfaktorzerlegung nach dem Hauptsatz eindeutig ist, muss für alle p gelten: $m_p = n_p + k_p$. Da $k_p \geq 0$ für alle p folgt $n_p \leq m_p$ für alle p.

„$\Leftarrow$" Gilt $n_p \leq m_p$ für alle p, so kann man für jedes p ein $k_p \in \mathbb{N}_0$ finden mit $m_p = n_p + k_p$. Mit Hilfe dieser k_p bilden wir $c = \prod_{p \in \mathbb{P}} p^{k_p}$, für das gilt:

$b = c \cdot a$. Also gilt $a \mid b$.

Aus Satz 4 lässt sich direkt Satz 5 folgern, der etwas über die Elemente einer Teilermenge T(a) aussagt.

Satz 5: Die Teilermenge T(a) einer natürlichen Zahl $a \geq 2$ mit $a = p_1^{n_1} \cdot p_2^{n_2} \cdot \ldots \cdot p_r^{n_r}$ besteht aus den Zahlen der Form $b = p_1^{x_1} \cdot p_2^{x_2} \cdot \ldots \cdot p_r^{x_r}$, wobei $0 \leq x_i \leq n_i$.

Wir verdeutlichen uns diesen Sachverhalt am Beispiel $60 = 2^2 \cdot 3^1 \cdot 5^1$. Wir suchen alle Teiler von 60, indem wir systematisch alle Kombinationen der Exponenten der Primfaktoren bilden:

Teiler von 60:

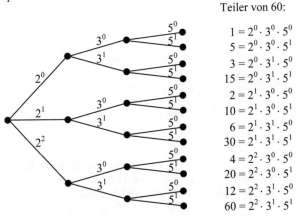

$1 = 2^0 \cdot 3^0 \cdot 5^0$
$5 = 2^0 \cdot 3^0 \cdot 5^1$
$3 = 2^0 \cdot 3^1 \cdot 5^0$
$15 = 2^0 \cdot 3^1 \cdot 5^1$
$2 = 2^1 \cdot 3^0 \cdot 5^0$
$10 = 2^1 \cdot 3^0 \cdot 5^1$
$6 = 2^1 \cdot 3^1 \cdot 5^0$
$30 = 2^1 \cdot 3^1 \cdot 5^1$
$4 = 2^2 \cdot 3^0 \cdot 5^0$
$20 = 2^2 \cdot 3^0 \cdot 5^1$
$12 = 2^2 \cdot 3^1 \cdot 5^0$
$60 = 2^2 \cdot 3^1 \cdot 5^1$

T(60) = { 1, 2, 3, 4, 5, 6, 10, 12, 15, 20, 30, 60 }

Wir haben auf diese Weise 3 · 2 · 2 = 12 Teiler der Zahl 60 erhalten. Dies entspricht jeweils den Exponenten in der PFZ von 60 erhöht um 1. Der Primfaktor 2 taucht in der PFZ von 60 mit der Potenz 2 auf, die erste Verzweigung im Baumdiagramm führt also zu (2 + 1) Ästen, denn in den PFZ der Teiler von 60 kann 2 nach Satz 5 mit dem Exponenten 0, 1 oder 2 auftreten. Da 3 in der PFZ von 60 einmal auftritt, können in den PFZ der Teiler von 60 die Faktoren 3^0 oder 3^1 auftreten. Von jedem der 3 Äste gehen also wieder 2 Äste ab. Entsprechend teilt sich jeder dieser Äste wiederum in 2 Äste, da 5 in der PFZ von 60 mit dem Exponenten 1 auftritt.

Diese Überlegung können wir verallgemeinern. Habe die Zahl a die PFZ $a = p_1^{n_1} \cdot p_2^{n_2} \cdot \ldots \cdot p_r^{n_r}$. Dann kann p_1 in der PFZ der Teiler von a in n_1+1 Weisen auftreten: $p_1^0, p_1^1, p_1^2, \ldots p_1^{n_1}$. Jede dieser n_1+1 Möglichkeiten kann mit n_2+1 Möglichkeiten für den Primfaktor p_2 kombiniert werden usw. Es gilt der folgende Satz:

Satz 6: Die Teilermenge T(a) einer natürlichen Zahl $a \geq 2$ mit der Primfaktorzerlegung $a = p_1^{n_1} \cdot p_2^{n_2} \cdot \ldots \cdot p_r^{n_r}$ besteht aus $(n_1+1) \cdot (n_2+1) \cdot \ldots \cdot (n_r+1)$ Elementen.

Der Beweis, den man über vollständige Induktion nach der Anzahl der Primfaktoren von a führt und der sinngemäß unseren Vorüberlegungen zu Satz 6 entspricht, sei Ihnen zur Übung überlassen.

Wir kommen jetzt auf die bereits erwähnten Hasse-Diagramme zurück und untersuchen nun die möglichen Typen von Hasse-Diagrammen von Teilermengen mit Hilfe von Satz 5.

Der einfachste Fall ist der, dass a nur einen einzigen Primfaktor p besitzt, dass a also eine Primzahlpotenz ist: $a = p^n$.

Nach Satz 5 sind die Teiler von a nun genau die Zahlen p^0, p^1, p^2 bis p^n, wobei gilt: $p^0 \mid p^1 \mid p^2 \mid \ldots \mid p^{n-1} \mid p^n$ wegen des Teilbarkeitskriteriums (Satz 4). Das Hasse-Diagramm hat dann die Form einer Teilerkette von n+1 Zahlen, die vertikal der Größe nach übereinander geschrieben werden:

2.3 Folgerungen aus dem Hauptsatz

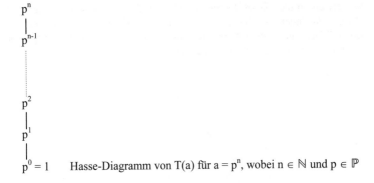

Hasse-Diagramm von $T(a)$ für $a = p^n$, wobei $n \in \mathbb{N}$ und $p \in \mathbb{P}$

Der zweite Typ von Hasse-Diagramm ergibt sich, wenn a zwei verschiedene Primteiler hat, also von der Form $a = p^n \cdot q^m$ ist. Man kann das Hasse-Diagramm dann aus $n \cdot m$ Quadraten zusammensetzen:

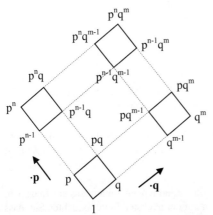

Hasse-Diagramm von $T(a)$ für $a = p^n \cdot q^m$, wobei $n, m \in \mathbb{N}$ und $p, q \in \mathbb{P}$

Als dritten Fall betrachten wir Zahlen der Form $a = p^n \cdot q^m \cdot r^k$ mit paarweise verschiedenen $p, q, r \in \mathbb{P}$.

Wir erweitern das Hasse-Diagramm für $a = p^n \cdot q^m$ von oben in die dritte Dimension, indem wir in der Vertikalen die Potenzen von r antragen. Das Hasse-Diagramm besteht dann aus Würfeln, von denen wir hier wegen der Übersichtlichkeit nur den ersten angeben:

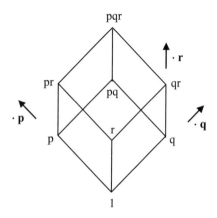

Für Zahlen mit mehr als drei verschiedenen Primfaktoren eignet sich die Darstellungsform der Hasse-Diagramme nicht mehr.

Die kleinste gerade Zahl, deren Teilermenge also nicht mehr als Hasse-Diagramm darstellbar ist, ist $2 \cdot 3 \cdot 5 \cdot 7 = 210$, die kleinste ungerade Zahl ist $3 \cdot 5 \cdot 7 \cdot 11 = 1155$.

Beispiele für Hasse-Diagramme von Teilermengen finden Sie am Ende von Kapitel 1. Weitere Beispiele folgen auf der nächsten Seite. Beachten Sie, dass die echten Teiler jetzt in ihrer Primfaktorzerlegung notiert sind, anders als es in Kapitel 1 der Fall war.

2.3 Folgerungen aus dem Hauptsatz 37

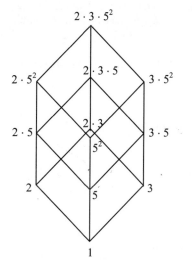

Hasse-Diagramm für T(150)

Hasse-Diagramm für T(625)

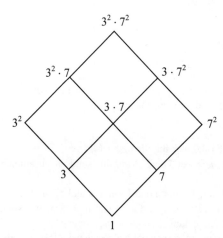

Hasse-Diagramm für T(441)

Eine weitere Folgerung aus dem Hauptsatz erlaubt eine Aussage darüber, wann eine natürliche Zahl eine Primzahl ist. Wir beginnen mit einem hinführenden Beispiel und betrachten die Zahl $210 = 2 \cdot 3 \cdot 5 \cdot 7 = 10 \cdot 21$.

Die Primzahl 2 ist ein Teiler von 210: $2 \mid 210 \Leftrightarrow 2 \mid 10 \cdot 21$. Wir stellen fest, dass 2 auch ein Teiler von 10 ist.

Weiter gilt: $\quad 3 \mid 10 \cdot 21$ und 3 ist ein Teiler von 21,
weiter gilt: $\quad 5 \mid 10 \cdot 21$ und 5 ist ein Teiler von 10,
weiter gilt: $\quad 7 \mid 10 \cdot 21$ und 7 ist ein Teiler von 21.

Anders verhält es sich mit der Zahl 6.

Zwar gilt $6 \mid 10 \cdot 21$, aber 6 ist weder Teiler von 10 noch Teiler von 21. Ebenso verhält es sich mit den anderen zusammengesetzten Teilern von 210. Anscheinend hängt der Schluss $a \mid b \cdot c \Rightarrow a \mid b$ oder $a \mid c$ davon ab, ob a eine Primzahl ist oder nicht. Ist a zusammengesetzt, so *könnten* einige Primfaktoren von a in b stecken, andere in c, und eine Schlussfolgerung wie oben ist nicht möglich. Wir vermuten allgemein den Satz:

Satz 7: Primzahlkriterium

Die Zahl $a \in \mathbb{N}\setminus\{1\}$ ist genau dann eine Primzahl, wenn für alle $b, c \in \mathbb{N}$ gilt: $a \mid b \cdot c \Rightarrow a \mid b$ oder $a \mid c$.

Beweis:

„$\Rightarrow$" Sei $a \in \mathbb{N}$ eine Primzahl und es gelte $a \mid b \cdot c$.

Dann muss a in der eindeutigen PFZ von $b \cdot c$ vorkommen, die aus den eindeutigen PFZen von b und c zusammengesetzt ist.
Da die PFZ von $b \cdot c$ eindeutig ist, muss a auch in der PFZ von b oder in der PFZ von c (oder in beiden) vorkommen,
also $a \mid b$ oder $a \mid c$.

„$\Leftarrow$" Es gelte $a \mid b \cdot c \Rightarrow a \mid b$ oder $a \mid c$ für alle $b, c \in \mathbb{N}$.

(indirekt) *Angenommen*, a sei keine Primzahl, sondern zusammengesetzt.
Dann gibt es $n, m \in \mathbb{N}$ mit $1 < n < a$ und $1 < m < a$ und $a = n \cdot m$.
Wenden wir unsere Voraussetzung auf a, m und n an, was wir können, da $a \mid a = m \cdot n$, so müsste gelten $\quad a \mid n \cdot m \Rightarrow a \mid n$ oder $a \mid m$.
Dies ist aber ein Widerspruch, da sowohl n als auch m kleiner sind als a.
Also muss a Primzahl sein.

2.3 Folgerungen aus dem Hauptsatz

Kommen wir noch einmal auf die am Anfang dieses Kapitels definierten Mengen G = {1, 2, 4, 6, 8, 10, ...} und F = {1, 5, 10, 15, 20, ...} zurück und überlegen, ob in ihnen der soeben bewiesene Satz 7 gilt. Da Satz 7 eine Folgerung des Hauptsatzes ist, der für die Mengen G und F nicht zutrifft, machen wir uns in der Gewissheit, dass auch Satz 7 nicht gelten kann, auf die Suche nach Gegenbeispielen.

Die kleinste Primzahl in G ist 2. Wir untersuchen der Reihe nach alle zusammengesetzten Zahlen in G auf Widersprüche zu Satz 7. Dazu notieren wir die PFZ[4] dieser Zahlen in G:

$4 = 2 \cdot 2$; $8 = 2 \cdot 2 \cdot 2$; $12 = 2 \cdot 6$; $16 = 2 \cdot 2 \cdot 2 \cdot 2$;
$20 = 2 \cdot 10$; $24 = 2 \cdot 2 \cdot 6$; $28 = 2 \cdot 14$; $32 = 2 \cdot 2 \cdot 2 \cdot 2 \cdot 2$.

Noch sind die PFZ auch in G eindeutig. 36 ist die erste Zahl in G mit zwei verschiedenen PFZen: $36 = 2 \cdot 18$ und $36 = 6 \cdot 6$.

Unser erster Kandidat für einen Widerspruch ist 36. Und tatsächlich gilt:
Die Primzahl 2 ist in G ein Teiler von 36, denn $36 = 2 \cdot 18$.
Da $36 = 6 \cdot 6$ gilt also auch in G: $2 \,|\, 6 \cdot 6$, aber es gilt in G *nicht* $2 \,|\, 6$.
2 ist prim, 2 teilt ein Produkt, aber 2 teilt keinen der Faktoren. Satz 7 hat also in G keine Gültigkeit.

Bei der Menge F = {1, 5, 10, 15, 20, 25, ...} verfahren wir entsprechend. Die kleinsten Primzahlen in F sind: 5, 10, 15, 20, 30, 35, 40, 45, 55, 60, 65, 70, 80.
Die kleinsten zusammengesetzten Zahlen in F sind

$25 = 5 \cdot 5$, $50 = 5 \cdot 10$, $75 = 5 \cdot 15$,

die allesamt auch in F noch eine eindeutige PFZ besitzen.

100 ist die kleinste Zahl in F mit verschiedenen PFZen: $100 = 5 \cdot 20 = 10 \cdot 10$.
Sie liefert uns das Gegenbeispiel, das die Gültigkeit von Satz 7 in F widerlegt:
5 ist Primzahl in F, $5 \,|\, 10 \cdot 10$, aber 5 ist *nicht* Teiler von 10 in F.
Ein weiteres Gegenbeispiel ist 200 ($10 \cdot 20$; $5 \cdot 40$):

---

[4] Zur Erinnerung: In G sind all diejenigen Zahlen prim, die nicht durch 4 teilbar sind.

5 ist in F ein Teiler von 10 · 20, 5 ist in F auch eine Primzahl, aber 5 teilt in F weder 10 noch 20.

Diese Überlegungen sollten noch einmal verdeutlicht haben, wie die Gültigkeit bestimmter Sätze (hier Satz 7) von der Gültigkeit anderer Sätze (hier Hauptsatz) unmittelbar abhängig sind.

Übung:
1) Bestimmen Sie die kanonische Primfaktorzerlegung für
   a) 450   b) 600   c) 1000   d) 1617

2) Zeichnen Sie das Hasse-Diagramm zu T(a) für
   a) a = 243   b) a = 126   c) a = 8575

3) Bestimmen Sie die Anzahl der Elemente von T(6600).

4) Finden Sie ein weiteres Gegenbeispiel für die Gültigkeit von Satz 7 in der Menge G = {1, 2, 4, 6, 8, 10, 12, ...}.

3 Primzahlen

Am Abend des 9. Septembers 2008 konnte sich der deutsche Ingenieur Hans-Michael Elvenich für einen kurzen Moment als Entdecker der größten bislang gefundenen Primzahl fühlen. Über 10 Millionen Stellen hatte das Objekt und war damit des von der Electronic Frontier Foundation ausgelobten Preisgeldes von 100.000 US$ würdig. Leider hatte zwei Wochen vorher ein Computer der University of California in Los Angelos (UCLA) eine noch größere Primzahl aufgespürt. Verantwortlich für die Rechner des Fachbereichs Mathematik der UCLA ist Edson Smith.

Kann man die Suche nach weiteren Primzahlen irgendwann einmal aufgeben, wird man irgendwann die größte aller Primzahlen gefunden haben? Wie stellt man eigentlich fest, ob eine bestimmte Zahl eine Primzahl ist? Selbst dem mathematischen Laien wird einleuchten, dass das Ausprobieren aller möglichen Teiler einer Zahl mit z.B. 1.000.000 Stellen auch im Zeitalter von Hochleistungsrechnern kein praktikables Verfahren ist. Gehorcht die Verteilung der Primzahlen irgendwelchen Gesetzen? Sie sieht sehr unregelmäßig aus: Oft folgen Primzahlen dicht aufeinander (17 und 19, 41 und 43, 809 und 811), oft gibt es aber auch große Lücken (keine Primzahlen zwischen 113 und 127, zwischen 317 und 331, zwischen 887 und 907).[1]

Diesen und anderen spannenden Fragen werden wir in diesem Kapitel nachgehen.

Primzahlen spielen beim multiplikativen Aufbau der natürlichen Zahlen eine große Rolle: Nach dem Hauptsatz der elementaren Zahlentheorie ist jedes $n \in \mathbb{N}\setminus\{1\}$ entweder selbst eine Primzahl oder aber als Produkt von Primzahlen eindeutig darstellbar.

3.1 Die Unendlichkeit der Menge $\mathbb{P}$

Schon die alten Griechen bewiesen etwa 300 v. Chr., dass die Folge der Primzahlen nicht abbricht und dass es beliebig große Lücken zwischen zwei aufeinander folgenden Primzahlen („Primzahllöcher") gibt.

---

[1] vgl. Primzahltabelle im Anhang

Satz 1: Satz von Euklid

Es gibt unendlich viele Primzahlen.

Beweis:

Idee: Wir zeigen, dass wir zu jeder beliebigen Menge von endlich vielen Primzahlen $p_1, p_2, ..., p_n$, $n > 0$, eine weitere Primzahl p konstruieren können.

Dazu betrachten wir die Zahl $a = p_1 \cdot p_2 \cdot ... \cdot p_n + 1$.
Da $a > 1$ gibt es nach dem Satz vom kleinsten Teiler eine Primzahl p mit $p \mid a$.
Dieses p ist von $p_1, p_2, ..., p_n$ verschieden, denn sonst würde folgen
$p \mid p_1 \cdot p_2 \cdot ... \cdot p_n$ und $p \mid p_1 \cdot p_2 \cdot ... \cdot p_n + 1$ und damit $p \mid 1$. [2]

Also haben wir eine neue Primzahl p gefunden.

Zum tieferen Verständnis dieses Beweises sollten Sie mit uns das folgende Gedankenexperiment machen:

Wir stellen uns mal ganz dumm und nehmen an, dass es nur die beiden Primzahlen 2 und 3 gibt. Die oben im Beweis konstruierte Zahl a ist dann $2 \cdot 3 + 1 = 7$ und überzeugt uns sofort, dass 2 und 3 nicht die einzigen Primzahlen sind.

Nun gut, aber 2, 3 und 7 sind nun wirklich alle Primzahlen. Wir betrachten $a = 2 \cdot 3 \cdot 7 + 1 = 43$. Schon wieder ist eine neue Primzahl aufgetaucht.

Aber 2, 3, 7 und 43 sind nun definitiv alle Primzahlen der Welt. Oder? Die Zahl $2 \cdot 3 \cdot 7 \cdot 43 + 1 = 1807$ ist, wie uns ein Blick in die Primzahltabelle im Anhang zeigt, keine Primzahl. Prima! Aber nach dem Satz vom kleinsten Teiler muss sie einen Primteiler haben, und dieser kann nicht 2, nicht 3, nicht 7 und auch nicht 43 sein, denn diese Zahlen teilen $2 \cdot 3 \cdot 7 \cdot 43$, folglich nicht $2 \cdot 3 \cdot 7 \cdot 43 + 1 = 1807$. Der kleinste Teiler > 1 von 1807 ist 13 und muss nach diesem Satz eine Primzahl sein. Mist, schon wieder ist eine neue Primzahl aufgetaucht, genau genommen sogar zwei, denn $1807 = 13 \cdot 139$, und 139 ist auch prim.

Sie können dieses Spiel gerne noch fortsetzen. Wir sind allerdings jetzt vollständig davon überzeugt, dass sich zu jeder endlichen Menge von Primzahlen stets eine neue Primzahl finden lässt, die Menge $\mathbb{P}$ also nicht endlich sein kann.

---

[2] vgl. Übung 2, Abschnitt 1, Kapitel 1 ($a \mid b \ \land \ a \mid b+c \ \Rightarrow \ a \mid c$)

3.1 Die Unendlichkeit der Menge $\mathbb{P}$

Satz 2: Primzahllöcher

Zu jeder Zahl $n \in \mathbb{N}$ gibt es n aufeinander folgende natürliche Zahlen, die keine Primzahlen sind.

Beweis:

Wir können n solcher Zahlen direkt angeben: Die Zahlen $(n+1)!+2$, $(n+1)!+3$, $(n+1)!+4$ … $(n+1)!+(n+1)$ sind keine Primzahlen.

Nach Definition ist $(n+1)! = 1 \cdot 2 \cdot 3 \cdot \ldots \cdot (n+1)$ teilbar durch alle Zahlen von 2 bis $(n+1)$.

Deshalb ist $(n+1)!+2$ durch 2 teilbar, $(n+1)!+3$ durch 3, $(n+1)!+4$ durch 4, …, $(n+1)!+(n+1)$ durch $(n+1)$.

Also sind die n Zahlen $(n+1)!+2$, $(n+1)!+3$, …, $(n+1)!+(n+1)$ aufeinander folgende Zahlen, die keine Primzahlen sind.

Sie werden sich jetzt vielleicht fragen, warum wir nicht die Zahlen $n!+2$, $n!+3$, $n!+4$, …, $n!+n$ betrachtet haben. Die sind schließlich auch alle zusammengesetzt. Der Grund liegt einfach darin, dass dies nur n-1 aufeinander folgende nicht prime Zahlen sind, und nicht n Stück, wie der Satz es behauptet.

Mit Hilfe von Satz 2 können wir sofort fünf aufeinander folgende zusammengesetzte Zahlen angeben:

$6!+2$, $6!+3$, …, $6!+6$, also 722, 723, 724, 725, 726.

Man sieht natürlich unmittelbar den geringen praktischen Nutzen dieses Satzes, denn auch schon 24, 25, 26, 27, 28 sind fünf aufeinander folgende Zahlen, die keine Primzahlen sind, ebenso wie 32 bis 36, 48 bis 52 usw.

Wir wissen nun, dass es beliebig große Lücken zwischen Primzahlen gibt. Man findet aber auch immer wieder Primzahlen, die dicht beieinander liegen. 2 und 3 sind die beiden einzigen direkt benachbarten Primzahlen. Von zwei aufeinander folgenden Zahlen ist stets eine gerade und eine ungerade. 2 ist die einzige gerade Primzahl, alle anderen geraden Zahlen haben 2 als echten Teiler und sind folglich zusammengesetzte Zahlen. Wir finden aber häufig so genannte *Primzahlzwillinge*, d.h. Primzahlen, deren Differenz 2 ist. Beispiele sind 3 und 5, 5 und 7, 11 und 13, 521 und 523, 857 und 859, 9929 und 9931. Der größte uns heute[3] bekannte Primzahlzwilling besteht aus den Zahlen

---

[3] Stand August 2011

65.516.468.355 · $2^{333.333}$ − 1 und 65.516.468.355 · $2^{333.333}$ + 1, die jeweils 100.355 Stellen haben und im Jahr 2009 entdeckt wurden. Man vermutet, dass es unendlich viele Primzahlzwillinge gibt. Bisher ist es aber noch nicht gelungen, diese Behauptung zu beweisen.

Übung: Wir definieren analog zu Primzahlzwillingen die Primzahldrillige als drei Primzahlen der Form p, p+2 und p+4. Beweisen oder widerlegen Sie:

3, 5 und 7 sind die einzigen Primzahldrillinge.

3.2 Verfahren zur Bestimmung von Primzahlen

Ein einfaches leicht zu begründendes Verfahren zum Aufspüren aller Primzahlen bis zu einer Schranke N, das zumindest für „kleine" N (1.000.000 ist in diesem Zusammenhang durchaus noch eine kleine Zahl) praktikabel und effektiv ist, ist das *Sieb des Eratosthenes*[4].

Wir schreiben zunächst alle natürlichen Zahlen bis N (z.B. N = 100) auf, die 1 lassen wir von vornherein weg. Dann streichen wir systematisch alle Zahlen, von denen wir wissen, dass sie *keine* Primzahlen sind.

2 ist eine Primzahl, aber alle anderen geraden Zahlen sind zusammengesetzt. Also streichen wir im ersten Durchgang alle Vielfachen von 2 außer 2, die 2 markieren wir. In der folgenden Tabelle ist die erste Streichung durch senkrechte Striche dargestellt, das Markieren durch Fettdruck.

Die nächste noch nicht gestrichene Zahl, also die 3, ist eine Primzahl. Wir markieren sie und streichen im zweiten Durchgang alle Vielfachen von 3. Einige Vielfache von 3 sind natürlich schon im ersten Durchgang gestrichen worden, z.B. die 6. Die zweite Streichung wird in der folgenden Tabelle durch waagerechte Striche dargestellt.

---

[4] Eratosthenes von Cyrene, griechischer Mathematiker, 276 - 194 v.Chr.

3.2 Verfahren zur Bestimmung von Primzahlen

	2	3	4	5	6	7	8	9	10
11	~~12~~	13	~~14~~	~~15~~	~~16~~	17	~~18~~	19	~~20~~
~~21~~	~~22~~	23	~~24~~	25	~~26~~	~~27~~	~~28~~	29	~~30~~
31	~~32~~	~~33~~	~~34~~	35	~~36~~	37	~~38~~	~~39~~	~~40~~
41	~~42~~	43	~~44~~	~~45~~	~~46~~	47	~~48~~	49	~~50~~
~~51~~	~~52~~	53	~~54~~	55	~~56~~	~~57~~	~~58~~	59	~~60~~
61	~~62~~	~~63~~	~~64~~	65	~~66~~	67	~~68~~	~~69~~	~~70~~
71	~~72~~	73	~~74~~	~~75~~	~~76~~	77	~~78~~	79	~~80~~
~~81~~	~~82~~	83	~~84~~	85	~~86~~	~~87~~	~~88~~	89	~~90~~
91	~~92~~	~~93~~	~~94~~	95	~~96~~	97	~~98~~	~~99~~	~~100~~

Die nächste noch nicht gestrichene Zahl muss eine Primzahl sein, sonst wäre sie schon als Vielfaches einer kleineren Primzahl gestrichen worden. Wir markieren also die 5 und streichen alle Vielfachen von 5 (Schrägstrich von unten links nach oben rechts in der folgenden Tabelle).

Die nächste nicht gestrichene Zahl ist die Primzahl 7. Auch sie wird markiert, ihre Vielfachen gestrichen (Schrägstrich von oben links nach unten rechts).

	2	3	**4**	**5**	6	**7**	8	9	10
11	~~12~~	13	~~14~~	~~15~~	~~16~~	17	~~18~~	19	~~20~~
~~21~~	~~22~~	23	~~24~~	~~25~~	~~26~~	~~27~~	~~28~~	29	~~30~~
31	~~32~~	~~33~~	~~34~~	~~35~~	~~36~~	37	~~38~~	~~39~~	~~40~~
41	~~42~~	43	~~44~~	~~45~~	~~46~~	47	~~48~~	~~49~~	~~50~~
~~51~~	~~52~~	53	~~54~~	~~55~~	~~56~~	~~57~~	~~58~~	59	~~60~~
61	~~62~~	~~63~~	~~64~~	~~65~~	~~66~~	67	~~68~~	~~69~~	~~70~~
71	~~72~~	73	~~74~~	~~75~~	~~76~~	~~77~~	~~78~~	79	~~80~~
~~81~~	~~82~~	83	~~84~~	~~85~~	~~86~~	~~87~~	~~88~~	89	~~90~~
~~91~~	~~92~~	~~93~~	~~94~~	~~95~~	~~96~~	97	~~98~~	~~99~~	~~100~~

Wir sind fertig. Wir haben alle Primzahlen bis 100 gefunden. Um die Vielfachen der nächsten nicht gestrichenen Zahl 11 brauchen wir uns nicht mehr zu kümmern. Wäre eine der verbliebenen Zahlen noch eine zusammengesetzte Zahl, so müsste ihr kleinster echter Teiler eine Primzahl sein, die kleiner als 11 ist (11 · 11 ist schließlich schon 121). Damit wäre diese Zahl aber schon einer der vorangegangenen Streichungen zum Opfer gefallen. Allgemein kann man das Verfahren also bei der (größten) Primzahl p mit $p \leq \sqrt{N}$ beenden.

So einfach und effektiv das Sieb des Eratosthenes auch ist, es ist kein geeignetes Mittel, „rekordverdächtige" Primzahlen zu finden. Um bei der Suche nach Primzahlen schneller in größere Zahlbereiche vorzudringen, überlegen wir, wie „Kandidaten" für Primzahlen überhaupt aussehen können.

Zunächst stellen wir fest, dass eine Zahl n > 5 keine Primzahl sein kann, wenn ihre Zahldarstellung im Zehnersystem auf 2, 4, 6, 8 oder 0 endet, da sie sonst durch 2 teilbar wäre.

Ebenso kann die letzte Ziffer keine 5 sein, da die Zahl sonst durch 5 teilbar wäre.[5]

Eine Zahl n > 5 ist also höchstens dann eine Primzahl, wenn n von der Form n = 10k + a ist mit $k \in \mathbb{N}_0$ und $a \in \{1, 3, 7, 9\}$.

Das bedeutet umgekehrt natürlich nicht, dass eine Zahl dieser Form (unbedingt) eine Primzahl ist, wie man etwa am Beispiel k = 4, a = 9 sieht.

Wir können diese Bedingung noch verschärfen:

Dazu betrachten wir Zahlen der Form n = 30k + a, $k \in \mathbb{N}_0$.

Solche Zahlen können nur dann Primzahlen sein, wenn 30 und a außer 1 keine gemeinsamen Teiler haben, denn sonst wären diese Teiler auch Teiler der Summe 30k + a.

Zusätzlich zu den geraden Zahlen als Endziffern und den Vielfachen von 5 können wir jetzt auch noch die Endstellen 3, 9, 21 und 27 ausschließen, da sie 3 als gemeinsamen Teiler mit 30 haben.

Also: n = 30k + a, $k \in \mathbb{N}_0$, kann demnach höchstens dann eine Primzahl sein, wenn $a \in \{1, 7, 11, 13, 17, 19, 23, 29\}$.

Wir schreiben die potenziellen Primzahlen (bis N = 299) jetzt tabellarisch auf und streichen diejenigen Zahlen, die sich bei genauerer Prüfung doch als zusammengesetzt herausstellen. Dazu brauchen wir nur die Produkte aus den ersten in der Tabelle aufgelisteten Primzahlen zu streichen:

7·7, 7·11, 7·13, 7·17, ... , 7·41	(7·43 > 300),
11·11, 11·13, ... , 11·23	(11·29 > 300),
13·13, 13·17, 13·19, 13·23	(13·29 > 300) sowie
17·17	(17·19 > 300).

---

[5] Auf die Teilbarkeitsregeln wird in Kapitel 5 noch näher eingegangen.

3.2 Verfahren zur Bestimmung von Primzahlen

	7	11	13	17	19	23	29
31	37	41	43	47	~~49~~	53	59
61	67	71	73	~~77~~	79	83	89
~~91~~	97	101	103	107	109	113	~~119~~
~~121~~	127	131	~~133~~	137	139	~~143~~	149
151	157	~~161~~	163	167	~~169~~	173	179
181	~~187~~	191	193	197	199	~~203~~	~~209~~
211	~~217~~	~~221~~	223	227	229	233	239
241	~~247~~	251	~~253~~	257	~~259~~	263	269
271	277	281	283	~~287~~	~~289~~	293	~~299~~

Mit relativ wenig Aufwand haben wir nun alle Primzahlen zwischen 7 und 300 ermittelt.

Den Zugang zu extrem großen Primzahlen erlaubt der folgende Satz.

Satz 3: Die Zahl $2^n - 1$ ist höchstens dann eine Primzahl, wenn n eine Primzahl ist.
Zahlen der Form $M_p = 2^p - 1$, $p \in \mathbb{P}$, heißen *Mersennesche*[6] *Zahlen*. Ist M_p eine Primzahl, so heißt sie *Mersennesche Primzahl*.

Der Beweis dieses Satzes fällt leichter, wenn wir zuvor den folgenden Hilfssatz beweisen.

Hilfssatz: Für alle $x \in \mathbb{N}\setminus\{1\}$, $m \in \mathbb{N}$ gilt: $(x-1) \mid (x^m - 1)$.

Beweis des Hilfssatzes:

Idee: Für die behauptete Teilbarkeitsbeziehung wird ein „q" in allgemeiner Form direkt angegeben und dann gezeigt, dass $(x - 1) \cdot q = (x^m - 1)$.

Es gilt: $(x - 1) \cdot (1 + x + x^2 + \ldots + x^{m-2} + x^{m-1})$
$= x + x^2 + x^3 + \ldots + x^{m-1} + x^m - 1 - x - x^2 - x^3 - \ldots - x^{m-2} - x^{m-1}$
$= x^m - 1$ /n. Zusammenfassen
Da $(1 + x + x^2 + \ldots + x^{m-2} + x^{m-1}) \in \mathbb{N}$ für alle $x \in \mathbb{N}$,
folgt $(x - 1) \mid (x^m - 1)$.

---

[6] Marin Mersenne, französischer Mathematiker, 1588 - 1648

Beweis von Satz 3:

Wir betrachten den Fall, dass n zusammengesetzt ist und zeigen, dass $2^n - 1$ dann nicht prim sein kann.

Sei also n eine zusammengesetzte Zahl.

Dann gibt es a, b $\in \mathbb{N}$, 1 < a < n, 1 < b < n, mit n = a · b.
Damit gilt: $\quad 2^n - 1 = 2^{a \cdot b} - 1 = (2^a)^b - 1$.
Setzen wir $\quad 2^a = x$ und b = m und wenden dann den Hilfssatz an,
so folgt: $\quad (2^a - 1) \,|\, ((2^a)^b - 1) = (2^n - 1)$.

Da a > 1, ist auch $2^a - 1 > 1$,
da a < n, ist auch $2^a - 1 < 2^n - 1$,
also hat $2^n - 1$ einen echten Teiler, ist also keine Primzahl.

Beispiele für Mersennesche (Prim)Zahlen:

$$M_2 = 2^2 - 1 = 3,$$
$$M_3 = 2^3 - 1 = 7$$
$$M_5 = 2^5 - 1 = 31,$$
$$M_7 = 2^7 - 1 = 127 \quad \text{sind Mersennesche Primzahlen,}$$

aber: $\quad M_{11} = 2^{11} - 1 = 2047 \quad$ ist zusammengesetzt $(2047 = 23 \cdot 89)$.

Die ersten vier Mersenneschen Zahlen sind also (Mersennesche) Primzahlen, M_{11} ist keine Primzahl, denn $2047 = 23 \cdot 89$.

Mersennesche Zahlen sind der einfachste Typ von Zahlen, die man mit Hilfe von Computern daraufhin untersuchen kann, ob sie Primzahlen sind, und meist sind sie dann auch die größten bekannten Primzahlen. Die 9 größten heute[7] bekannten Primzahlen sind allesamt Mersennesche Primzahlen.

Die größten sechs bekannten Primzahlen sehen Sie in der folgenden Tabelle.

---

[7] Stand August 2011. Im Internet findet man unter der Adresse
http://primes.utm.edu/largest.html
Informationen über den aktuellen Stand der Primzahlsuche.

3.3 Bemerkenswertes über Primzahlen

Primzahl	Stellenzahl	entdeckt von	im Jahr
$2^{43.112.609} - 1$	12.978.189	Edson Smith	23.8.2008
$2^{42.643.801} - 1$	12.837.064	O. M. Strindmo	12.4.2009
$2^{37.156.667} - 1$	11.185.272	H.-M. Elvenich	6.9.2008
$2^{32.582.657} - 1$	9.808.358	Curtis Cooper &	2006
$2^{30.402.457} - 1$	9.152.052	Steven Boone	2005
$2^{25.964.951} - 1$	7.816.230	Martin Nowak	2005

Übung:
1) Bestimmen Sie mit dem Sieb des Eratosthenes die Primzahlen bis 100. Schreiben Sie dazu je sechs Zahlen in eine Reihe.

2) Zeigen Sie, dass $2^{256} - 1$ durch 3, 5 und 17 teilbar ist.

Hinweis: Benutzen Sie den Hilfssatz aus diesem Abschnitt. Setzen Sie $x = 2^8$.

3) Seit Urzeiten suchen die Menschen nach Mustern in der Verteilung der Primzahlen über die natürlichen Zahlen. Nun behauptet eine gewitzte Studentin, sie habe eine Formel entdeckt, die Primzahlen erzeugt. Die Formel lautet $n^2 + n + 41$, wobei n eine natürliche Zahl ist.

a) Sie sind skeptisch und überprüfen die Behauptung für n = 1, 2, 3, ... Wie fleißig sind Sie?

b) Bei welchem n können Sie ohne Berechnung, aber unter Einsatz der Summenregel (Satz 3, Kap. 1) die Behauptung widerlegen? Ist dies das kleinste n, für das die Behauptung nicht zutrifft?

c) Überzeugen Sie eine Person Ihrer Wahl, die Beweise (insb. Induktionsbeweise) nicht mag und lieber einige Zahlenbeispiele zu betrachten pflegt, dass man auf diesem Wege nicht zu gesicherten Erkenntnissen kommt.

3.3 Bemerkenswertes über Primzahlen

Sie haben im ersten Abschnitt dieses Kapitels schon eine bis heute noch nicht bewiesene Vermutung kennen gelernt, und zwar die, dass es unendlich viele Primzahlzwillinge gibt.

Vielleicht macht es gerade den Reiz der Zahlentheorie aus, dass einfache, auch dem mathematischen Laien verständliche, z.T. schon vor sehr, sehr langer Zeit formulierte Aussagen für die Mathematiker noch heute unlösbare Probleme darstellen.[8] Im Folgenden werden wir Ihnen einige weitere Vermutungen, die noch auf einen Beweis warten, vorstellen.

Wir knüpfen an die Mersenneschen Zahlen an und formulieren folgenden zu Satz 3 ähnlichen Satz:

Satz 4: Die Zahl $2^n + 1$ ist höchstens dann eine Primzahl, wenn n eine Potenz von 2 ist.

Die Zahlen $F_n = 2^{2^n} + 1$ nennt man *Fermatsche*[9] *Zahlen*. Ist F_n eine Primzahl, so heißt sie *Fermatsche Primzahl*.

Wir verzichten an dieser Stelle auf einen Beweis, betonen aber ausdrücklich, dass er mit elementaren Mitteln zu führen ist. Satz 4 ist also kein Beispiel für eine unbewiesene Vermutung.

Beispiele für Fermatsche Zahlen:

$$F_0 = 2^{2^0} + 1 = 3$$
$$F_1 = 2^{2^1} + 1 = 5$$
$$F_2 = 2^{2^2} + 1 = 17$$
$$F_3 = 2^{2^3} + 1 = 257$$
$$F_4 = 2^{2^4} + 1 = 65.537 \text{ sind Fermatsche Primzahlen}$$

aber: $F_5 = 2^{2^5} + 1 = 4.294.967.297 = 641 \cdot 6.700.417$ ist nicht prim.

Nun kommen wir zu der angekündigten Vermutung: Bis heute hat man keine weiteren Fermatschen Primzahlen gefunden außer den genannten ersten fünf. Man vermutet, dass es auch keine weiteren gibt. Bewiesen ist das allerdings nicht.

---

[8] Denken Sie hier auch an die erst in jüngerer Vergangenheit bewiesene Fermatsche Vermutung, dass die Gleichung $x^n + y^n = z^n$ für $n \geq 3$ außer den trivialen Lösungen (1, 0, 1) und (0, 1, 1) keine Lösung mit natürlichen Zahlen besitzt.

[9] Pierre de Fermat, französischer Mathematiker, 1601 - 1665

3.3 Bemerkenswertes über Primzahlen 51

„- Oh, es kommt noch viel besser, sagte der Alte und räkelte sich. Er war nicht mehr zu bremsen.
- Nimm irgendeine gerade Zahl, ganz egal welche, sie muss nur größer als zwei sein, und ich werde dir zeigen, dass sie die Summe aus zwei prima Zahlen ist.
- 48, rief Robert.
- Einunddreißig plus siebzehn, sagte der Alte, ohne sich lange zu besinnen.
- 34, schrie Robert.
- Neunundzwanzig plus fünf, erwiderte der Alte. Er nahm nicht einmal die Pfeife aus dem Mund.
- Und das klappt immer? wunderte sich Robert. Wieso denn? Warum ist das so?
- Ja, sagte der Alte – er legte die Stirn in Falten und sah den Rauchkringeln nach, die er in die Luft blies –, das wüsste ich selber gern. Fast alle Zahlenteufel, die ich kenne, haben versucht, es herauszukriegen. Die Rechnung geht ausnahmslos immer auf, aber keiner weiß, warum. Niemand konnte beweisen, dass es so ist.
Das ist ja ein starkes Stück! dachte Robert und musste lachen.
- Finde ich wirklich prima, sagte er.
Es gefiel ihm eben doch, dass der Zahlenteufel solche Sachen erzählte. Der hatte, wie immer, wenn er nicht weiter wusste, ein ziemlich verbiestertes Gesicht gemacht, aber jetzt zog er wieder an seinem Pfeifchen und lachte mit.
- Du bist gar nicht so dumm, wie du aussiehst, mein lieber Robert. Schade, ich muss jetzt gehen. Ich besuche heute Nacht noch ein paar Mathematiker. Es macht mir Spaß, die Kerle ein bisschen zu quälen."[10]

Was der Zahlenteufel dem (nicht intellektuell sondern lehrerbedingt) mathephobischen Jungen Robert mitteilt, ist die so genannte *Goldbachsche*[11] *Vermutung*:
Jede gerade Zahl größer 2 ist darstellbar als Summe von zwei Primzahlen.

Darüber, womit der Zahlenteufel die Mathematiker nächtens noch quälen wird, können wir selbst nur Vermutungen anstellen. Vielleicht probiert er es

---

[10] aus Hans Magnus Enzensberger: Der Zahlenteufel. Hanser, München 1997, S. 62f
[11] Christian Goldbach, deutscher Mathematiker, 1690 - 1764

mit der folgenden Behauptung: „Jede ungerade Zahl größer als 5 kann man als Summe von drei Primzahlen schreiben."

Übung: 1) Enzensberger 1997, S. 64:

> „Und du? Wenn du noch nicht eingenickt bist, verrate ich dir einen letzten Trick. Es geht nicht nur mit den geraden, sondern auch mit den ungeraden Zahlen. Such dir irgendeine aus. Sie muss nur größer als fünf sein. Sagen wir mal: 55. Oder 27.
> Auch die kannst du aus prima Zahlen zusammenbasteln, nur brauchst du dafür nicht zwei, sondern drei. Nehmen wir zum Beispiel 55:
> $$55 = 5 + 19 + 31$$
> Probiers mal mit 27. Du wirst sehen, es geht IMMER, auch wenn ich dir nicht sagen kann, warum."

2) Überprüfen Sie die Goldbachsche Vermutung an 10 Zahlen Ihrer Wahl.

Was für eine große Primzahl!

(aus: http://primes.utm.edu/largest.html)

4　ggT und kgV

4.1　Zur Problemstellung

A) Aus zwei Holzbrettern der Längen 270 cm und 360 cm sollen Regalbretter gleicher Länge geschnitten werden. Es soll dabei kein Holz übrig bleiben. Gib die größtmögliche Länge der Regalbretter an.

B) Anna geht regelmäßig alle 3 Tage zum Schwimmen, Jan trainiert alle 5 Tage und Kati schwimmt jeden 2. Tag. Heute sind alle drei gleichzeitig im Hallenbad. Wann treffen sie sich das nächste Mal?

Solche und ähnliche Aufgaben findet man in Schulbüchern. Sie führen auf die Frage nach gemeinsamen Teilern und gemeinsamen Vielfachen von zwei oder mehr natürlichen Zahlen.

Bei Aufgabe A sind verschiedene Regalbrettlängen möglich, die ohne Verschnitt realisierbar sind, z.B. 30 cm, 45 cm, 90 cm, denn dies sind gemeinsame Teiler von 270 cm und 360 cm. Die Frage nach der größtmöglichen Länge ist die nach dem größten Element in der Menge der gemeinsamen Teiler, dem *größten gemeinsamen Teiler* (im Folgenden ggT abgekürzt).

Bei Aufgabe B geht es um die gemeinsamen Vielfachen der Zahlen 2, 3 und 5, die Frage nach dem „nächsten" Treffen zielt auf das kleinste Element in dieser Menge, das *kleinste gemeinsame Vielfache* (im Folgenden kgV abgekürzt).

Beide Aufgaben können wir auf Grundschulniveau durch anschauliche Bilder bzw. eine übersichtliche Tabelle lösen.

Aufgabe A)

360				270	
180		180		135	135
120	120		120	90	90	90
90	90	90	90	90	90	90

Aufgabe B)

Kind	geht nach ... Tagen wieder ins Hallenbad
Kati	2 4 6 8 10 12 14 16 18 20 22 24 26 28 30
Anna	3 6 9 12 15 18 21 24 27 30
Jan	5 10 15 20 25 30

Wir werden in diesem Kapitel Verfahren erarbeiten, wie man ggT und kgV möglichst ökonomisch bestimmt.

Aber nicht nur für den Bereich des Sachrechnens sind ggT und kgV von Bedeutung, sondern auch in der Bruchrechnung. Die Suche nach dem Hauptnenner (kleinster gemeinsamer Nenner) bei der Addition oder Subtraktion ungleichnamiger Brüche ist die Suche nach dem kgV der Nenner. Beim Kürzen von Brüchen teilen wir Zähler und Nenner durch gemeinsame Teiler, am besten gleich durch den ggT von Zähler und Nenner.

Schließlich brauchen wir den ggT noch dazu, um etwas über die Lösbarkeit von Aufgaben wie der folgenden zu sagen:

C) Ein Bauer kaufte auf dem Markt Hühner und Enten und zahlte dabei für ein Huhn 4 Euro und für eine Ente 5 Euro. Kann es sein, dass er 62 Euro ausgegeben hat? Wenn ja, wie viele Hühner und wie viele Enten könnte er gekauft haben?

Übung: 1) Es sei Ihnen verraten, dass die erste Frage in Aufgabe C zu bejahen ist. Ermitteln Sie die möglichen Anzahlen der Hühner und Enten.

2) Ein Huhn kostet 4 Euro, eine Ente 6 Euro. Kann es sein, dass der Bauer 55 Euro ausgegeben hat?

4.2 Definitionen

Definition 1: Die Menge aller positiven Vielfachen einer Zahl $a \in \mathbb{N}$, also die Menge $V(a) = \{x \in \mathbb{N} \mid a \mid x\}$, bezeichnet man als *Vielfachenmenge* von a.

Beispiele:
$V(3) = \{3, 6, 9, 12, 15, 18, \dots\}$
$V(4) = \{4, 8, 12, 16, 20, 24, \dots\}$
$V(7) = \{7, 14, 21, 28, 35, \dots\}$
$V(n) = \{n, 2n, 3n, 4n, \dots\}$
$V(1) = \mathbb{N}$

Definition 2: Es seien $a, b \in \mathbb{N}$.

Jedes Element von $T(a) \cap T(b) = \{x \in \mathbb{N} \mid x \mid a \text{ und } x \mid b\}$ heißt *gemeinsamer Teiler* von a und b.

Jedes Element von $V(a) \cap V(b) = \{x \in \mathbb{N} \mid a \mid x \text{ und } b \mid x\}$ heißt *gemeinsames Vielfaches* von a und b.

Beispiele:

Gesucht sind die gemeinsamen Teiler von 24 und 30.

$T(24) = \{1, 2, 3, 4, 6, 8, 12, 24\}$ und $T(30) = \{1, 2, 3, 5, 6, 10, 15, 30\}$.
Die gemeinsamen Teiler von 24 und 30 sind also $\{1, 2, 3, 6\}$.

Gesucht sind die gemeinsamen Teiler von 8 und 55.

$T(8) = \{1, 2, 4, 8\}$, $T(55) = \{1, 5, 11, 55\}$. $T(8) \cap T(55) = \{1\}$.
8 und 55 haben also nur den trivialen Teiler 1 als gemeinsamen Teiler.

Gesucht sind die gemeinsamen Vielfachen von 2 und 5.

$V(2) = \{2, 4, 6, 8, 10, \dots\}$, $V(5) = \{5, 10, 15, 20, 25, \dots\}$.
Die gemeinsamen Vielfachen von 2 und 5 sind also $\{10, 20, 30, 40, 50, \dots\}$.

Gesucht sind die gemeinsamen Vielfachen von 6 und 15.

$V(6) = \{6, 12, 18, 24, 30, \dots\}$, $V(15) = \{15, 30, 45, 60, 75, \dots\}$.
Die gemeinsamen Vielfachen von 6 und 15 sind $\{30, 60, 90, 120, 150, \dots\}$.

Den im zweiten Beispiel aufgetretenen Fall, dass zwei Zahlen nur 1 als gemeinsamen Teiler haben, wollen wir besonders hervorheben:

Definition 3: Zwei Zahlen a, b $\in \mathbb{N}$ heißen *teilerfremd* oder *prim* zueinander, wenn $T(a) \cap T(b) = \{1\}$.

So sind beispielsweise alle Primzahlen zueinander teilerfremd. Andere Beispiele teilerfremder Zahlenpaare sind 6 und 35, 100 und 189, 2090 und 4641. Insbesondere ist 1 zu jeder natürlichen Zahl a teilerfremd.

Bei der Untersuchung von Mengen spielt oft die Bestimmung des kleinsten bzw. größten Elementes eine wichtige Rolle. Mengen gemeinsamer Teiler sind wie alle Teilermengen endlich und, da sie stets die 1 enthalten, nicht leer mit 1 als kleinstem Element. Es ist also noch die Frage nach dem größten Element zu untersuchen. Vielfachenmengen dagegen sind unendliche Teilmengen der natürlichen Zahlen. Hier interessiert uns die Frage nach dem kleinsten Element in Mengen gemeinsamer Vielfacher.

Definition 4: Es seien a, b $\in \mathbb{N}$

Das größte Element aus
$T(a) \cap T(b) = \{x \in \mathbb{N} \mid x \mid a$ und $x \mid b\}$ heißt *größter gemeinsamer Teiler* von a und b (kurz ggT(a,b)).

Das kleinste Element aus
$V(a) \cap V(b) = \{x \in \mathbb{N} \mid a \mid x$ und $b \mid x\}$ heißt *kleinstes gemeinsames Vielfaches* von a und b (kurz kgV(a,b)).

Beispiele: ggT(20,30) = 10,   kgV(20,30) = 60
ggT(11,17) = 1,   kgV(11,17) = 187
ggT(12,36) = 12,   kgV(12,36) = 36

Die Definitionen 2 und 4 können leicht auf mehr als zwei natürliche Zahlen ausgeweitet werden. Wenn $a_1, a_2, ..., a_r \in \mathbb{N}$, dann ist der ggT($a_1,a_2,...,a_r$) das größte Element in der Menge der gemeinsamen Teiler von $a_1, a_2, ..., a_r$, also in $T(a_1) \cap T(a_2) \cap ... \cap T(a_r)$. Das kgV($a_1,a_2,...,a_r$) ist das kleinste Element in der Menge der gemeinsamen Vielfachen von $a_1, a_2, ..., a_r$, also in $V(a_1) \cap V(a_2) \cap ... \cap V(a_r)$.

Beispiel: ggT(16,24,40) = 8, kgV(16,24,40) = 240

Eine unmittelbare Folgerung aus der Definition des ggT ist der folgende Satz:

Satz 1: Für alle a, b ∈ ℕ gilt:
1) $\text{ggT}(1,a) = 1$
2) $a \mid b \Rightarrow \text{ggT}(a,b) = a$

Übung: 1) Beweisen Sie Satz 1.

2) Bestimmen Sie ggT und kgV von:
a) 30 und 75   b) 48 und 64   c) 12, 30 und 50

4.3   ggT, kgV und Primfaktorzerlegung

Das Ermitteln von ggT und kgV über das Bestimmen von Teiler- bzw. Vielfachenmengen kann sehr mühsam werden. Wir können ggT und kgV jedoch auch ermitteln, ohne vorher explizit alle Teiler auszurechnen oder lange Vielfachentabellen zu notieren. Unser Hilfsmittel ist dabei die Primfaktorzerlegung.

Hinführendes Beispiel zu Satz 2:

Betrachten wir einmal die Zahlen 600 und 980 und ihre kanonischen PFZ $600 = 2^3 \cdot 3 \cdot 5^2$ und $980 = 2^2 \cdot 5 \cdot 7^2$. Wegen des Teilbarkeitskriteriums (Satz 4, Kapitel 2) dürfen in den PFZ der gemeinsamen Teiler von 600 und 980 nur die Primfaktoren 2 und 5 auftreten, und zwar 2 höchstens in zweiter Potenz, 5 höchstens in erster Potenz. Der ggT von 600 und 980 hat dann genau die PFZ $2^2 \cdot 5$, also $\text{ggT}(600,980) = 2^2 \cdot 5 = 20$.

Bei den gemeinsamen Vielfachen von 600 und 980 müssen alle Primfaktoren aus den einzelnen PFZ auftreten, und zwar mindestens in der höchsten Potenz, in der sie in den einzelnen PFZ vorkommen, also:
$\text{kgV}(600,980) = 2^3 \cdot 3 \cdot 5^2 \cdot 7^2 = 29400$.

Wir formulieren den ersten Teil dieser Überlegungen allgemein als Satz:

Satz 2: Es seien a, b $\in \mathbb{N}\setminus\{1\}$ mit $a = \prod_{p\in\mathbb{P}} p^{n_p}$ und $b = \prod_{p\in\mathbb{P}} p^{m_p}$, $n_p, m_p \in \mathbb{N}_0$.

Dann gilt: $ggT(a,b) = \prod_{p\in\mathbb{P}} p^{Min(n_p, m_p)}$, wobei $Min(n_p, m_p)$ die kleinere der beiden Zahlen n_p und m_p bedeutet.

Beweis:

z.z.: (1) $d = \prod_{p\in\mathbb{P}} p^{Min(n_p, m_p)}$ ist gemeinsamer Teiler von a und b.

z.z.: (2) $d = \prod_{p\in\mathbb{P}} p^{Min(n_p, m_p)}$ ist größter gemeinsamer Teiler von a, b.

zu (1): $d = \prod_{p\in\mathbb{P}} p^{Min(n_p, m_p)}$ ist sowohl ein Teiler von a als auch von b, denn

es gilt: $Min(n_p, m_p) \leq n_p$ und $Min(n_p, m_p) \leq m_p$ für alle p und wir können das Teilbarkeitskriterium anwenden: $d \mid a$ und $d \mid b$.

zu (2): Wir betrachten ein beliebiges $t \in T(a) \cap T(b)$. Nach dem Teilbarkeitskriterium haben alle $t \in T(a) \cap T(b)$ die Form

$t = \prod_{p\in\mathbb{P}} p^{k_p}$ mit $k_p \leq n_p$ (da $t \mid a$) <u>und</u> gleichzeitig $k_p \leq m_p$ (da $t \mid b$).

Mit o.g. Def. von $Min(n_p, m_p)$ folgt: $k_p \leq Min(n_p, m_p)$
und wegen des Teilbarkeitskriteriums gilt für alle t: $t \mid d$, (*)
woraus schließlich folgt: $t \leq d$. / da $t \cdot q = d$ mit $q \in \mathbb{N}$

In der vorletzten Zeile (*) haben wir gleichzeitig die Behauptung mit bewiesen:

Satz 2a: Jeder gemeinsame Teiler von a und b ist auch ein Teiler des $ggT(a,b)$.
Also: $\forall\, a, b, t \in \mathbb{N}$ gilt: $t \mid a$ und $t \mid b \Rightarrow t \mid ggT(a,b)$

4.3 ggT, kgV und Primfaktorzerlegung

Satz 3: ggT-Kriterium

d ist genau dann der ggT(a,b), wenn die beiden folgenden Bedingungen erfüllt sind:

1) $d\,|\,a$ und $d\,|\,b$
2) für alle $t \in \mathbb{N}$ gilt: $t\,|\,a$ und $t\,|\,b \Rightarrow t\,|\,d$.

Beweis:

„$\Rightarrow$" Bedingung 1 gilt laut Definition des ggT, Bedingung 2 haben wir im Beweis zu Satz 2 mit bewiesen.

„$\Leftarrow$" Sei d also ein gemeinsamer Teiler von a und b (Bedingung 1), der von allen gemeinsamen Teilern t von a und b geteilt wird (Bedingung 2).

Verwendung von Bedingung (1):

Wenn $a = \prod_{p \in \mathbb{P}} p^{n_p}$ und $b = \prod_{p \in \mathbb{P}} p^{m_p}$,

dann ist d nach dem Teilbarkeitskriterium von der Form

$d = \prod_{p \in \mathbb{P}} p^{k_p}$ mit $k_p \leq n_p$ (da $d\,|\,a$) <u>und</u> (gleichzeitig) $k_p \leq m_p$ (da $d\,|\,b$),

$\Rightarrow \quad k_p \leq \text{Min}(n_p, m_p)$ \hspace{2em} (*) \hspace{1em} /Def. „Min (a,b)"

Verwendung von Bedingung (2):

Wir betrachten einen besonderen Teiler t von a und b.

Sei $t = \prod_{p \in \mathbb{P}} p^{\text{Min}(n_p, m_p)}$.

wegen Bedingung (2) gilt: \hspace{3em} $t\,|\,d$

mit dem Teilbarkeitskriterium folgt: \hspace{1em} $\text{Min}(n_p, m_p) \leq k_p$ \hspace{1em} (**)

(*) und (**) liefern: $k_p \leq \text{Min}(n_p, m_p) \wedge k_p \geq \text{Min}(n_p, m_p)$

$\Rightarrow k_p = \text{Min}(n_p, m_p)$

$\Rightarrow d = \text{ggT}(a,b)$ \hspace{8em} /Satz 2

Im Stil der vorangegangenen Beweise könnte man jetzt noch zeigen, dass jeder Teiler des ggT(a,b) ein gemeinsamer Teiler von a und b ist. Das sei Ihnen zur Übung überlassen.

Wir formulieren Satz 4 in Anlehnung an die Vorüberlegungen zu Satz 2.

Satz 4: Es seien a, b $\in \mathbb{N}\setminus\{1\}$ mit $a = \prod_{p \in \mathbb{P}} p^{n_p}$ und $b = \prod_{p \in \mathbb{P}} p^{m_p}$, $n_p, m_p \in \mathbb{N}_0$.

Dann gilt: $\text{kgV}(a,b) = \prod_{p \in \mathbb{P}} p^{\text{Max}(n_p, m_p)}$, wobei $\text{Max}(n_p, m_p)$ die größere der beiden Zahlen n_p und m_p bedeutet.

Beweis:

z.z. (1): $v = \prod_{p \in \mathbb{P}} p^{\text{Max}(n_p, m_p)}$ ist gemeinsames Vielfaches von a und b.

z.z. (2): $v = \prod_{p \in \mathbb{P}} p^{\text{Max}(n_p, m_p)}$ ist kleinstes gemeinsames Vielfaches von a, b.

zu (1): Wir setzen $v = \prod_{p \in \mathbb{P}} p^{\text{Max}(n_p, m_p)}$. Mit dem Teilbarkeitskriterium folgt: $n_p \leq \text{Max}(n_p, m_p)$ für alle $p \Rightarrow a \,|\, v$ <u>und</u>
$m_p \leq \text{Max}(n_p, m_p)$ für alle $p \Rightarrow b \,|\, v$
Also gilt: $v \in V(a) \cap V(b)$.

zu (2): Wir betrachten ein beliebiges $w \in V(a) \cap V(b)$ mit $w = \prod_{p \in \mathbb{P}} p^{k_p}$.

Dann gilt nach dem Teilbarkeitskriterium
$k_p \geq n_p$ (da $a \,|\, w$) <u>und</u> (gleichzeitig) $k_p \geq m_p$ (da $b \,|\, w$),
also $k_p \geq \text{Max}(n_p, m_p)$ für alle p.
Wegen des Teilbarkeitskriteriums folgt für alle w: $v \,|\, w$, (*)
woraus schließlich folgt: $v \leq w$.   /da $v \cdot q = w$ mit $q \in \mathbb{N}$
v ist also das kgV(a,b).

In Zeile (*) haben wir gleichzeitig die Behauptung mit bewiesen:

Satz 4a: Jedes gemeinsame Vielfache von a und b wird vom kgV(a,b) geteilt.
Also: $\forall$ a, b, w $\in \mathbb{N}$ gilt: $a \,|\, w \land b \,|\, w \Rightarrow v \,|\, w$

Analog zu den Überlegungen beim ggT können wir jetzt auch ein kgV-Kriterium ableiten:

4.3 ggT, kgV und Primfaktorzerlegung

Satz 5: kgV-Kriterium

v ist genau dann das kgV(a,b), wenn die beiden folgenden Bedingungen erfüllt sind:

1) $a \,|\, v$ und $b \,|\, v$
2) für alle $w \in \mathbb{N}$ gilt: $a \,|\, w$ und $b \,|\, w \Rightarrow v \,|\, w$.

Beweis: (analog zu Satz (3))

„$\Rightarrow$" Bedingung 1 gilt laut Definition des kgV: kgV(a,b) ist kleinstes Element aus $V(a) \cap V(b) = \{x \in \mathbb{N} \,|\, a \,|\, x \text{ und } b \,|\, x\}$, Bedingung 2 haben wir im Beweis zu Satz 4 mit bewiesen.

„$\Leftarrow$" Sei v also ein gemeinsames Vielfaches von a und b (Bedingung 1), das alle gemeinsamen Vielfachen w von a und b teilt (Bedingung 2).

<u>Verwendung von Bedingung (1):</u>

Wenn $a = \prod_{p \in \mathbb{P}} p^{n_p}$ und $b = \prod_{p \in \mathbb{P}} p^{m_p}$,

dann ist v nach dem Teilbarkeitskriterium von der Form

$v = \prod_{p \in \mathbb{P}} p^{k_p}$ mit $k_p \geq n_p$ (da $a \,|\, v$) <u>und</u> (gleichzeitig) $k_p \geq m_p$ (da $b \,|\, v$),

also $k_p \geq \text{Max}(n_p, m_p)$.   (*)   /Def. „Max (a,b)"

<u>Verwendung von Bedingung (2):</u>

Wir betrachten ein besonderes Vielfaches w von a und b.

Sei $w = \prod_{p \in \mathbb{P}} p^{\text{Max}(n_p, m_p)}$.

wegen Bedingung (2) gilt: $\quad\quad\quad\quad\quad v \,|\, w$
mit dem Teilbarkeitskriterium folgt: $\quad k_p \leq \text{Max}(n_p, m_p)$ (**)
(*) und (**) liefern: $k_p \geq \text{Max}(n_p, m_p) \wedge k_p \leq \text{Max}(n_p, m_p)$
$\quad\quad\quad\quad \Rightarrow \quad k_p = \text{Max}(n_p, m_p)$
$\quad\quad\quad\quad \Rightarrow \quad v = \text{kgV}(a,b)$ /Satz 4

Wir verzichten auf den Beweis des Satzes, dass jedes Vielfache des kgV(a,b) ein gemeinsames Vielfaches von a und b ist. Im Folgenden werden einige Aussagen aufgelistet, die gerade im Unterricht von praktischer Relevanz sind:

Die ggT- und kgV-Bestimmung kann oftmals auf kleinere Zahlen „verschoben" werden.

Satz 6: Für alle a, b, n $\in \mathbb{N}$ gilt:

1) $\text{ggT}(n \cdot a, n \cdot b) = n \cdot \text{ggT}(a,b)$
2) $\text{kgV}(n \cdot a, n \cdot b) = n \cdot \text{kgV}(a,b)$
3) $\text{ggT}(a,b) = d \Rightarrow \text{ggT}(a{:}d, b{:}d) = 1$
4) a und b teilerfremd $\Rightarrow \text{kgV}(a,b) = a \cdot b$

Beispiele:
1) $\text{ggT}(84,132) = \text{ggT}(12 \cdot 7, 12 \cdot 11) = 12 \cdot \text{ggT}(7,11) = 12$
2) $\text{kgV}(150,200) = \text{kgV}(50 \cdot 3, 50 \cdot 4) = 50 \cdot \text{kgV}(3,4) = 50 \cdot 12 = 600$
3) $\text{ggT}(35,49) = 7 \Rightarrow \text{ggT}(5,7) = 1$
4) $\text{kgV}(11,13) = 11 \cdot 13 = 143$

Beweis zu 6.1: Seien $a = \prod_{p \in \mathbb{P}} p^{n_p}$ und $b = \prod_{p \in \mathbb{P}} p^{m_p}$ und $n = \prod_{p \in \mathbb{P}} p^{v_p}$

Dann gilt:

$$n \cdot \text{ggT}(a,b) = n \cdot \prod_{p \in \mathbb{P}} p^{\text{Min}(n_p, m_p)} \qquad /\text{n. Satz (2)}$$

$$= \prod_{p \in \mathbb{P}} p^{v_p} \cdot \prod_{p \in \mathbb{P}} p^{\text{Min}(n_p, m_p)} \qquad /\text{n. Voraussetzung}$$

$$= \prod_{p \in \mathbb{P}} p^{v_p + \text{Min}(n_p, m_p)} \qquad /\text{nach } a^n \cdot a^m = a^{n+m}$$

$$= \prod_{p \in \mathbb{P}} p^{\text{Min}(v_p + n_p, v_p + m_p)} \qquad /c + \min(a;b) = \min(c+a; c+b)$$

$$= \text{ggT}(n \cdot a, n \cdot b) \qquad /\text{n. Satz (2)}$$

Beweis zu 6.2: verläuft analog zu 6.1

Wir verzichten an dieser Stelle auf den Beweis von Satz 6.3 und 6.4. Den Beweis von (3) sollten Sie zur Übung selbst durchführen. Die Aussage (4) ist ein Spezialfall des folgenden Satzes 7 (ggT(a,b)=1).

4.3 ggT, kgV und Primfaktorzerlegung

Satz 7: Für alle $a, b \in \mathbb{N}$ gilt: $\text{ggT}(a,b) \cdot \text{kgV}(a,b) = a \cdot b$.

Beweis: Es sei $a = \prod\limits_{p \in \mathbb{P}} p^{n_p}$ und $b = \prod\limits_{p \in \mathbb{P}} p^{m_p}$.

Dann gilt: $\text{ggT}(a,b) \cdot \text{kgV}(a,b)$

$$= \prod_{p \in \mathbb{P}} p^{\text{Min}(n_p, m_p)} \cdot \prod_{p \in \mathbb{P}} p^{\text{Max}(n_p, m_p)} \qquad \text{/Satz 2, Satz 4}$$

$$= \prod_{p \in \mathbb{P}} p^{\text{Min}(n_p, m_p) + \text{Max}(n_p, m_p)} \qquad /a^b \cdot a^c = a^{b+c}$$

$$= \prod_{p \in \mathbb{P}} p^{n_p + m_p} \qquad /\text{Min}(a,b) + \text{Max}(a,b) = a+b$$

$$= \prod_{p \in \mathbb{P}} p^{n_p} \cdot \prod_{p \in \mathbb{P}} p^{m_p} \qquad /a^b \cdot a^c = a^{b+c}$$

$$= a \cdot b$$

Dieser Satz ist von großer praktischer Bedeutung, denn er erlaubt bei Kenntnis des ggT zweier Zahlen sehr schnell das kgV zu ermitteln und umgekehrt.

Wissen wir also, dass der ggT von 60 und 105 gleich 15 ist, so muss nach Satz 7 das kgV(60,105) gleich $60 \cdot 105 : 15$, also gleich 420 sein.

Wissen wir beispielsweise kgV(58,93) = 5394 = $58 \cdot 93$, so folgt nach Satz 7 ggT(58,93) = 1, 58 und 93 sind also teilerfremd.

Übung:
1) Beweisen Sie Aussage 3 von Satz 6.
2) Bestimmen Sie möglichst ökonomisch unter Anwendung der Sätze 6 und 7 jeweils ggT und kgV von
   a) 520 und 910   b) 600 und 650   c) 657 und 707

4.4 ggT, kgV und Hasse-Diagramme

Die uns bereits bekannten Hasse-Diagramme erlauben es, den ggT und das kgV zweier natürlichen Zahlen a und b zu bestimmen und zu veranschaulichen, sofern a und b nicht mehr als drei verschiedene Primfaktoren besitzen. Wir erläutern das Verfahren am Beispiel des ggT und des kgV der Zahlen 12 und 54. Die Hasse-Diagramme zu T(12) und T(54) sind unten zunächst separat dargestellt. Zur Ermittlung des ggT und kgV werden diese so übereinander geschoben, dass die identischen Teile zusammenfallen.

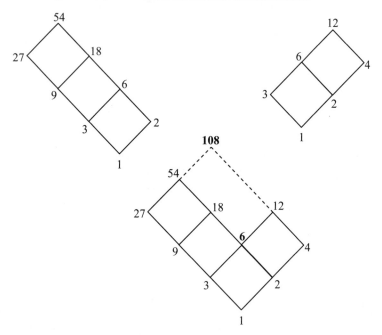

Die Zahlen, die beiden Hasse-Diagrammen angehören, sind die gemeinsamen Teiler von 12 und 54, die am weitesten oben stehende dieser Zahlen ist der ggT, also ggT(12,54) = 6. Um das kgV zu bestimmen erweitert man die aus der Überlagerung der Hasse-Diagramme entstandene Figur zu einem Rechteck, indem man von a und b parallel zu den vorgegebenen Richtungen jeweils möglichst wenig nach oben geht. Die so konstruierte Ecke des Rechtecks gibt das kgV an, im Beispiel also kgV(12,54) = 108.

4.4 ggT, kgV und Hasse-Diagramme

Besitzt mindestens eine der beiden Zahlen drei Primfaktoren, so hat mindestens eines der Hasse-Diagramme die Form eines Quaders. Wieder werden die Hasse-Diagramme so übereinander gezeichnet, dass gleiche Diagrammteile aufeinander fallen. Erneut findet man den ggT an der am weitesten oben liegenden Ecke, die zu beiden Diagrammen gehört. Um das kgV zu bestimmen erweitert man die durch die Überlagerung der Diagramme entstandene Figur so, dass der kleinstmögliche Quader entsteht, der beide Diagramme enthält. An der am weitesten oben liegenden Ecke dieses Quaders findet man das kgV. Das Verfahren ist unten am Beispiel der Zahlen 30 und 250 demonstriert. Wir lesen ab: ggT(30,250) = 10 und kgV(30,250) = 750.

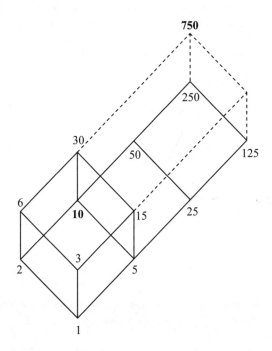

Übung: Bestimmen Sie mittels Überlagerung der entsprechenden Hasse-Diagramme jeweils ggT und kgV von
a) 12 und 27   b) 100 und 1250   c) 126 und 294

4.5 Der euklidische[1] Algorithmus

In diesem Abschnitt werden Sie ein systematisches Rechenverfahren zur Bestimmung des ggT zweier Zahlen kennen lernen, das ohne das teilweise mühsame Zerlegen der Zahlen in Primfaktoren auskommt. Dieses Verfahren beruht auf der *Division mit Rest*.

Wir machen uns die Division mit Rest zunächst anschaulich klar:
Stellen Sie sich vor, Sie lassen Ihre Klasse zum Erarbeiten des Bündelns und der Stellenwertschreibweise Kastanien in Eierkartons verpacken. Sukzessive füllen die Kinder einen Karton nach dem nächsten mit b Kastanien (z.B. b = 6). Zum Schluss sind q Kartons voll und ein Rest von r Kastanien ist übrig geblieben. Wenn Sie für jeden Schülertisch die gleiche Anzahl a von Kastanien bereitgestellt haben und auch dieselbe Art von Eierkartons, dann werden schließlich auf jedem Tisch gleich viele volle Kartons stehen und ein gleich großer Rest von Kastanien liegen.

Beispiele: $a = 34, b = 6$: $34 = 5 \cdot 6 + 4$ $q = 5, r = 4$
   $a = 9, b = 10$: $9 = 0 \cdot 10 + 9$ $q = 0, r = 9$
   $a = 48, b = 8$: $48 = 6 \cdot 8 + 0$ $q = 6, r = 0$
   $a = 13, b = 10$: $13 = 1 \cdot 10 + 3$ $q = 1, r = 3$

(Hilfs-) Satz: Division mit Rest

Es seien $a, b \in \mathbb{N}$. Dann gibt es genau ein Paar $q, r \in \mathbb{N}_0$, so dass $a = q \cdot b + r$ mit $0 \leq r < b$.

Beweis: zz.: (1) Existenz, (2) Eindeutigkeit

zu (1): Existenz:
Wir können von $a \geq b$ ausgehen, denn wenn $a < b$ ist, dann ist $q = 0$ und $r = a$ ein Zahlenpaar mit $a = 0 \cdot b + a$ und $0 \leq r = a < b$.
Sei also $a \geq b$.
Wir betrachten die Menge $M = \{a - n \cdot b \mid n \in \mathbb{N} \text{ und } a - n \cdot b \geq 0\}$.
M ist nicht leer, denn wegen $a \geq b$ gilt mindestens: $a - 1 \cdot b \in M$.

---

[1] Euklid (Eukleides von Alexandria), griechischer Mathematiker, um 300 v. Chr., Verfasser des klassischen Lehrbuchs „Elemente"

4.5 Der euklidische Algorithmus

Wegen der Wohlordnung von $\mathbb{N}$ besitzt M als nichtleere Teilmenge von $\mathbb{N}$ ein kleinstes Element.

Sei r dieses kleinste Element, das für n = q angenommen werde.

Also: $\quad r = a - q \cdot b \geq 0 \quad$ (*) $\quad$ /r ist kleinstes Element in M

Weil das betrachtete r das kleinste Element in M ist, muss folgende Differenz < 0 sein: $\quad \mathbf{r - b} = a - q \cdot b - b = a - (q+1) \cdot b \; \mathbf{< 0}$

also: $\quad r - b < 0 \; \Rightarrow \; r < b \quad$ (**)

Mit (*) und (**) folgt: $r - b < 0 \land r < b \; \Rightarrow \; 0 \leq r < b$

Es gibt also mindestens ein Paar q, r $\in \mathbb{N}_0$ der gewünschten Art.

zu (2): Eindeutigkeit:

Seien q, r und q', r' zwei Zahlenpaare

mit $\quad a = q \cdot b + r = q' \cdot b + r'$ und $0 \leq r, r' < b$.

Ohne Beschränkung der Allgemeinheit nehmen wir q' $\geq$ q an.

Dann gilt: $\quad q' \cdot b \geq q \cdot b$, woraus r' $\leq$ r folgt.

Wir können also subtrahieren:

$$q' \cdot b + r' = q \cdot b + r$$
$$\Rightarrow q' \cdot b - q \cdot b + r' = r \quad / -(q \cdot b)$$
$$\Rightarrow q' \cdot b - q \cdot b = r - r' \quad / -r'$$
$$\Rightarrow (q' - q) \cdot b = r - r' < b \quad / \text{da r und r'} < b,$$
$$\Rightarrow (q' - q) \cdot b \; < b \quad / \text{da r} - r' < b$$
$$\Rightarrow q' - q = 0 \; \Rightarrow \; q' = q \quad / +q$$
$$\Rightarrow r - r' = 0 \; \Rightarrow \; r' = r \quad / \text{wegen } (q' - q) \cdot b = r - r'$$

Also gibt es genau ein Paar (q,r) derart, dass $a = q \cdot b + r$ und $0 \leq r < b$.

Wir kommen nun zu dem versprochenen Algorithmus zur Bestimmung des ggT zweier Zahlen. Er beruht auf der mehrfachen Anwendung des Satzes von der Division mit Rest.

Es soll der ggT der Zahlen a = 16940 und b = 3822 bestimmt werden. Wir beginnen mit der Division a : b und bestimmen den Rest. Im zweiten Schritt nehmen wir den Divisor b als Dividenden und den Rest als Divisor und führen erneut die Division mit Rest durch. Im nächsten Schritt wird der erste Rest zum Dividenden, der zweite Rest zum Divisor. Wir fahren so lange fort, bis irgendwann der Rest 0 auftritt.

Dividend	=	Quotient · Divisor	+	Rest
a	=	q · b	+	r

16940	=	4 · 3822	+	1652
3822	=	2 · 1652	+	518
1652	=	3 · 518	+	98
518	=	5 · 98	+	28
98	=	3 · 28	+	14
28	=	2 · 14	+	0

Der letzte von 0 verschiedene Rest ist der ggT, also ggT(16940,3822) = 14.

Dies bedarf natürlich der Begründung. Betrachten wir zunächst die erste Gleichung 16940 = 4 · 3822 + 1652 ⇔ 1652 = 16940 − 4 · 3822. Jeder gemeinsame Teiler von 16940 und 3822 ist nach Satz 3, Kapitel 1, auch ein Teiler von 1652, also auch ein gemeinsamer Teiler von 1652 und 3822. Es gilt also T(16940) ∩ T(3822) ⊆ T(3822) ∩ T(1652).

Umgekehrt gilt für jeden gemeinsamen Teiler von 3822 und 1652, dass er auch ein Teiler von 4 · 3822 + 1652 = 16940 ist (Satz 3, Kapitel 1), also auch gemeinsamer Teiler von 16940 und 3822: T(3822) ∩ T(1652) ⊆ T(16940) ∩ T(3822). Insgesamt gilt also T(16940) ∩ T(3822) = T(3822) ∩ T(1652).

Wenden wir uns nun der zweiten Gleichung zu: 3822 = 2 · 1652 + 518 ⇔ 518 = 3822 − 2 · 1652. Alle gemeinsamen Teiler von 3822 und 1652 sind wieder wegen Satz 3, Kapitel 1, Teiler von 518 und damit gemeinsame Teiler von 1652 und 518. Diese sind wiederum Teiler von 3822, also gemeinsame Teiler von 3822 und 1652.

Also gilt T(3822) ∩ T(1652) = T(1652) ∩ T(518).

Man erhält aus der dritten Gleichung T(1652) ∩ T(518) = T(518) ∩ T(98), aus der vierten Gleichung T(518) ∩ T(98) = T(98) ∩ T(28), aus der fünften Gleichung T(98) ∩ T(28) = T(28) ∩ T(14) = T(14), da 14 (s. letzte Gleichung) ein Teiler von 28 ist. Insgesamt haben wir gezeigt, dass

T(16940) ∩ T(3822) = T(14) ist, woraus folgt ggT(16940,3822) = 14.

4.5 Der euklidische Algorithmus

Unsere Überlegungen hängen offensichtlich nicht von den im Beispiel beteiligten Zahlen ab. Völlig analog beweist man allgemein den folgenden Satz:

Satz 8: Es seien a, b $\in \mathbb{N}$ und $a = q \cdot b + r$ mit $q, r \in \mathbb{N}_0$ und $0 \leq r < b$. Dann gilt: $T(a) \cap T(b) = T(b) \cap T(r)$.
Insbesondere gilt für $a > b$: $ggT(a,b) = ggT(b,r)$.

Wir verzichten auf den Beweis dieses Satzes, den Sie zur Übung selbst durchführen sollten. Die Bedingung $a > b$ in der zweiten Aussage von Satz 8 stellt übrigens keine nennenswerte Anwendungsbeschränkung des Satzes dar: Gilt $a = b$, dann ist $ggT(a,b) = ggT(a,a) = a$. Gilt $a < b$ ist, dann vertauschen wir die Reihenfolge von a und b ($ggT(a,b) = ggT(b,a)$) und wenden den Satz an.

Im obigen Beispiel haben wir Satz 8 mehrfach angewendet, bis wir schließlich zu einer Gleichung mit dem Rest $r = 0$ gelangten, mithin zu einer Teilermenge, die gleich der Menge der gemeinsamen Teiler von a und b ist, bei der man dann den ggT direkt angeben kann. Wir formulieren als Verallgemeinerung unseres Beispiels den folgenden Satz:

Satz 9: Euklidischer Algorithmus

Es seien a, b $\in \mathbb{N}$, $a > b$. Dann gibt es $q_i, r_i \in \mathbb{N}_0$ und einen Index $n \in \mathbb{N}$, so dass gilt:

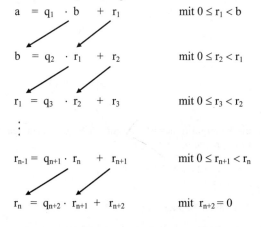

und man erhält: $T(a) \cap T(b) = T(r_{n+1})$ und $ggT(a,b) = r_{n+1}$.

Beweis: z.z.: (1) Das Verfahren bricht ab.
(2) Das Verfahren liefert den ggT(a,b).

zu (1): Wegen $b > r_1 > r_2 > \ldots \geq 0$ bilden die Reste eine streng monoton fallende Folge natürlicher Zahlen. Somit muss nach endlich vielen Schritten (maximal b Schritten) der Rest 0 werden und man erhält $r_n = q_{n+2} \cdot r_{n+1} + 0$.

zu (2): Weiter liefert die wiederholte Anwendung von Satz 8:
$$\begin{aligned}T(a) \cap T(b) &= T(b) \cap T(r_1) \\ &= T(r_1) \cap T(r_2) \\ &= \ldots \\ &= T(r_n) \cap T(r_{n+1}) \\ &= T(r_{n+1}) \cap T(0) = T(r_{n+1})\end{aligned}$$
Mit Transitivität der „=“-Relation folgt: $T(a) \cap T(b) = T(r_{n+1})$
In diesen beiden Mengen aber ist r_{n+1} größtes Element: $ggT(a,b) = r_{n+1}$.

Insbesondere liefert Satz 9 auch die Aussage, dass jeder gemeinsame Teiler von a und b auch Teiler des ggT(a,b) ist. Das wussten wir aber schon (s. Satz 2a dieses Kapitels).

Mit der folgenden Aufgabe geben wir ein weiteres Beispiel zur Anwendung des euklidischen Algorithmus: Gesucht ist der ggT(64589,3178).

$64589 = 20 \cdot 3178 + 1029$
$3178 = 3 \cdot 1029 + 91$
$1029 = 11 \cdot 91 + 28$
$91 = 3 \cdot 28 + 7$
$28 = 4 \cdot 7 + 0 \qquad ggT(64589,3178) = 7$

Der euklidische Algorithmus ist ein sehr mächtiges Verfahren. Wir berechnen den ggT(123.456.789,987.654.321):

$987.654.321 = 8 \cdot 123.456.789 + 9$
$123.456.789 = 13.717.421 \cdot 9 + 0$

$ggT(123.456.789,987.654.321) = 9$

Versuchen Sie das einmal mit Hilfe der Primfaktorzerlegung!

4.5 Der euklidische Algorithmus

Anschauliche Beschreibung des euklidischen Algorithmus

Wie der Name andeutet, wurde der euklidische Algorithmus schon im Altertum angewendet. Für die griechischen Mathematiker bedeutete das algebraische Rechnen mit Zahlen das Operieren mit Strecken, die diese Zahlen darstellen.

Wir nehmen jetzt auch diesen Standpunkt ein und denken im Größenbereich Längen. Welche Grundvorstellungen verbinden wir mit den Grundrechenarten? Addieren z.B. bedeutet das Aneinanderlegen von Strecken, Subtrahieren das Abtragen von Strecken, Multiplizieren das wiederholte Aneinanderlegen von Strecken gleicher Länge und Dividieren das Unterteilen einer Strecke in gleich lange Abschnitte[2].

Wenn wir in dieser Vorstellungswelt nach dem ggT zweier Zahlen a und b fragen, dann fragen wir nach dem größten gemeinsamen Maß zweier Strecken[3]. Zur Ermittlung desselben bedienten sich die griechischen Mathematiker des folgenden Verfahrens: a und b sind die Längen der Seiten eines Rechtecks. Mit Hilfe von Zirkel und Lineal wurde (gegebenenfalls abwechselnd) die kürzere Seite von der längeren so oft wie möglich abgetragen. Das Verfahren nennt man daher *Wechselwegnahme*.

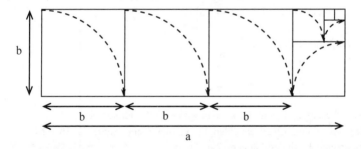

Das Verfahren wird so lange durchgeführt, bis man als „Restrechteck" ein Quadrat erhält, bei dem es keine kürzere Seite mehr gibt, die man von einer längeren Seite abtragen kann. Auf ein solches Quadrat wird man immer stoßen, schließlich sind in unserem Fall a und b natürliche Zahlen, die als ge-

---

[2] vgl. in Kapitel 1, Abschnitt 3, die Suche nach möglichen Maßen einer Strecke

[3] vgl. auch das Einführungsbeispiel A am Anfang dieses Kapitels

meinsamen Teiler mindestens 1 besitzen. Mit dem Einheitsquadrat kann man jedes Rechteck mit natürlichen Zahlen als Seitenlängen parkettieren. Bei nicht teilerfremden Zahlen endet das Verfahren schon vorher, es liefert das größtmögliche Quadrat, das sich zur Parkettierung eignet.

Dieses Verfahren der Wechselwegnahme ist also nichts anderes als der euklidische Algorithmus in einer geometrischen Denkweise. Wir verdeutlichen uns dies an einem weiteren Beispiel.

Gesucht ist das größte gemeinsame Maß von 72 und 30 (es spielt keine Rolle, ob wir hier an m, mm oder km denken), also der ggT(72,30).

Wechselwegnahme: | **euklidischer Algorithmus:**

Vom Rechteck mit den Seitenlängen 72 und 30 schneiden wir zwei Quadrate der Seitenlänge 30 ab. Es verbleibt ein Restrechteck mit den Längen 30 und 12.

$72 = 2\cdot 30 + 12$

Von diesem Restrechteck können wir zwei Quadrate mit der Seitenlänge 12 abschneiden. Es verbleibt ein zweites Restrechteck mit den Längen 12 und 6.

$30 = 2\cdot 12 + 6$

Von diesem zweiten Restrechteck können wir ohne Rest zwei Quadrate der Seitenlänge 6 abschneiden.

$12 = 2\cdot 6 + 0$

Übung: 1) Beweisen Sie Satz 8.

2) Bestimmen Sie mit Hilfe des euklidischen Algorithmus den ggT von
a) 60 und 13   b) 80 und 66   c) 242 und 33   d) 368 und 264.

3) Beweisen Sie:
Für alle a, b, c $\in \mathbb{N}$ gilt: ggT(a,b,c) = ggT(ggT(a,b),c).

4) Beweisen Sie:
Für alle a,b $\in \mathbb{N}$ gilt: ggT (ggT(a,b), b) = ggT (a,b)

4.6 Die Menge der Vielfachen des ggT(a,b) und der Linearkombinationen von a und b

Der euklidische Algorithmus liefert uns ein Verfahren, wie wir den ggT zweier natürlicher Zahlen a und b als *Linearkombination von a und b* darstellen können, also als Summe $x \cdot a + y \cdot b$ mit $x, y \in \mathbb{Z}$. Wir demonstrieren dies an einem Beispiel. Mit Hilfe des euklidischen Algorithmus bestimmen wir zunächst den ggT von 6930 und 1098:

$6930 = 6 \cdot 1098 + 342$
$1098 = 3 \cdot 342 + 72$
$342 = 4 \cdot 72 + 54$
$72 = 1 \cdot 54 + 18$
$54 = 3 \cdot 18 + 0 \qquad \text{ggT}(6930,1098) = 18$

Wir durchlaufen jetzt dieses Verfahren von unten nach oben, drücken jeweils die Reste als Linearkombination von Dividend und Divisor aus und setzen ein. Wir beginnen mit dem ggT in der vorletzten Gleichung:

$18 = 72 - 1 \cdot 54$
$= 72 - 1 \cdot (342 - 4 \cdot 72) = (-1) \cdot 342 + 5 \cdot 72$
$= (-1) \cdot 342 + 5 \cdot (1098 - 3 \cdot 342) = 5 \cdot 1098 - 16 \cdot 342$
$= 5 \cdot 1098 - 16 \cdot (6930 - 6 \cdot 1098) = (-16) \cdot 6930 + 101 \cdot 1098$

18, der ggT von a = 6930 und b = 1098, ist also darstellbar als Linearkombination $x \cdot a + y \cdot b$ mit $x = -16$ und $y = 101$.

Wir hätten ebenso mit der ersten Zeile des euklidischen Algorithmus beginnen können:

$342 = 6930 - 6 \cdot 1098$
$72 = 1098 - 3 \cdot 342 = 1098 - 3 \cdot (6930 - 6 \cdot 1098)$
$ = (-3) \cdot 6930 + 19 \cdot 1098$
$54 = 342 - 4 \cdot 72 = 6930 - 6 \cdot 1098 - 4 \cdot ((-3) \cdot 6930 + 19 \cdot 1098)$
$ = 13 \cdot 6930 - 82 \cdot 1098$
$18 = 72 - 1 \cdot 54 = (-3) \cdot 6930 + 19 \cdot 1098 - 1 \cdot (13 \cdot 6930 - 82 \cdot 1098)$
$ = (-16) \cdot 6930 + 101 \cdot 1098$

Auch in diesem Fall ist klar, dass das am Beispiel demonstrierte Verfahren nicht von den beteiligten Zahlenwerten abhängt. Es gilt allgemein

Satz 10: Für alle a, b $\in \mathbb{N}$ gibt es x, y $\in \mathbb{Z}$ mit
$ggT(a,b) = x \cdot a + y \cdot b$.

Beweis:

Wir lösen in Satz 9 (euklidischer Algorithmus) die Gleichungen nach r_i auf. Wir erhalten für die erste Gleichung:

$r_1 = a - q_1 \cdot b$, also
$r_1 = x_1 \cdot a + y_1 \cdot b$ \qquad mit $x_1 = 1$ und $y_1 = -q_1$.

Mit der zweiten Gleichung verfahren wir entsprechend:

$r_2 = b - q_2 \cdot r_1$
$ = b - q_2 \cdot (x_1 \cdot a + y_1 \cdot b)$ \qquad da $r_1 = x_1 \cdot a + y_1 \cdot b$
$ = b - q_2 x_1 a - q_2 y_1 b$
$ = b - q_2 y_1 b - q_2 x_1 a$
$ = b(1 - q_2 y_1) - q_2 x_1 a$
$ = -q_2 x_1 a + (1 - q_2 y_1) b$
$ = x_2 \cdot a + y_2 \cdot b$ \qquad mit $x_2 = -q_2 \cdot x_1 \in \mathbb{Z}$ und $y_2 = 1 - q_2 \cdot y_1 \in \mathbb{Z}$.

In endlich vielen Schritten kann man so auch alle folgenden Gleichungen nach $r_3, r_4, ..., r_{n+1}$ auflösen und erhält schließlich für $ggT(a,b) = r_{n+1}$ eine Darstellung der Form $ggT(a,b) = r_{n+1} = x \cdot a + y \cdot b$ mit $x, y \in \mathbb{Z}$.

4.6 Die Menge der Vielfachen des ggT(a,b) ...

Vorüberlegung zu Satz 11:

Eine einfache Folgerung aus Satz 10 ist die, dass sich mit ggT(a,b) auch alle Vielfachen des ggT(a,b) als Linearkombinationen von a und b ausdrücken lassen: Wenn ggT(a,b) = x · a + y · b, folgt c · ggT(a,b) = c · x · a + c · y · b mit c · x und c · y $\in \mathbb{Z}$ für alle c $\in \mathbb{Z}$.

Umgekehrt ergeben alle Linearkombinationen aus a und b gerade nur die Vielfachen des ggT(a,b). Betrachten wir eine solche Zahl c = x · a + y · b. Da ggT(a,b) | a und ggT(a,b) | b, folgt ggT(a,b) | x · a + y · b (Satz 3, Kapitel 1), also ggT(a,b) | c. Also gilt:

Satz 11: Sei L(a,b) = {x·a + y·b | x, y $\in \mathbb{Z}$} die Menge aller (Zahlen, darstellbar als) Linearkombinationen von a und b und sei W(ggT(a,b)) = {z · ggT(a,b) | z $\in \mathbb{Z}$} die Menge aller ganzzahligen Vielfachen[4] des ggT(a,b).

Dann gilt für alle a, b $\in \mathbb{N}$: L(a,b) = W(ggT(a,b)).

Beweis:
z.z.: 1) W(ggT(a,b)) $\subseteq$ L(a,b)

Sei c $\in$ W(ggT(a,b)), dann gibt es z $\in \mathbb{Z}$ mit   c = z · ggT(a,b) .
Nach Satz 10 gilt dann auch   c = z · (xa + yb)
also auch   c = (zx)·a + (zy)·b
da zx, zy $\in \mathbb{Z}$ c $\in$ L(a,b)
Damit gilt: W(ggT(a,b)) $\subseteq$ L(a,b)

z.z.: 2) L(a,b) $\subseteq$ W(ggT(a,b))

Sei c $\in$ L(a,b), dann gibt es x,y $\in \mathbb{Z}$, so dass   c = xa + yb .
Nach Satz 3 (Kap. 1) gilt: ggT(a,b) | a $\wedge$ ggT(a,b) | b $\Rightarrow$ ggT(a,b) | xa + yb .

Also gibt es ein z $\in \mathbb{Z}$ mit   ggT(a,b) · z = xa + yb .
Es folgt: c $\in$ W(ggT(a,b))
Damit gilt: L(a,b) $\subseteq$ W(ggT(a,b))

Aus (1) und (2) folgt: L(a,b) = W(ggT(a,b)).

---

[4] Man beachte den Unterschied zur Vielfachenmenge des ggT(a,b):
V(ggT(a,b)) = {x $\in \mathbb{N}$ | ggT(a,b) | x}.

Wegen Satz 11 können wir Satz 10 folgendermaßen ergänzen:

Satz 12: Für alle a, b ∈ ℕ gibt es x, y ∈ ℤ mit
ggT(a,b) = x · a + y · b.

Dabei ist der ggT(a,b) die kleinste natürliche Zahl, die sich als Linearkombination von a und b darstellen lässt. Weiter gilt: Jedes c ∈ ℤ ist genau dann als Linearkombination von a und b darstellbar, wenn ggT(a,b) | c, d.h.: wenn c ein Vielfaches des ggT(a,b) ist.

Sind a und b teilerfremde Zahlen, dann ist der ggT(a,b) = 1, die Menge W(ggT(a,b)) ist also gleich ℤ. In diesem Fall lässt sich also jede ganze Zahl als Linearkombination von a und b darstellen. Es gilt also folgender Spezialfall von Satz 12:

Satz 12a: Seien a, b ∈ ℕ mit ggT(a,b) = 1. Dann gilt: L(a,b) = ℤ.

M.a.W.: Wenn der ggT(a,b) = 1 ist, dann ist die Menge der Zahlen, die sich als Linearkombination von a und b darstellen lassen, die ganze Menge ℤ.

Beispiel: ggT(7,5) = 1 und 1 = (−2) · 7 + 3 · 5
Also gilt für alle c ∈ ℤ: c = (−2c) · 7 + 3c · 5.

Übung:
1) Bestimmen Sie mit Hilfe des euklidischen Algorithmus den ggT(299,247) und drücken Sie diesen dann als Linearkombination von 299 und 247 aus.

2) Welche der folgenden Zahlen sind als Linearkombination von 25 und 35 darstellbar? Geben Sie ggf. eine Linearkombination an.
a) 45   b) 49   c) 52   d) 60

3) Drücken Sie −2 als Linearkombination von 315 und 88 aus.

4) Zeigen Sie:
Für a, b, c ∈ ℕ mit ggT(a,b) = 1 gilt: a | bc ⇒ a | c.

4.7 Lineare diophantische[5] Gleichungen mit zwei Variablen

Kommen wir auf Beispielaufgabe C aus Abschnitt 1 dieses Kapitels zurück:

Ein Bauer kaufte auf dem Markt Hühner und Enten und zahlte dabei für ein Huhn 4 Euro und für eine Ente 5 Euro. Kann es sein, dass er 62 Euro ausgegeben hat? Wenn ja, wie viele Hühner und wie viele Enten könnte er gekauft haben?

Bezeichnen wir die Anzahl der Hühner mit x und die Anzahl der Enten mit y, so laufen die Fragen auf die Lösbarkeit und ggfs. die Lösungen der Gleichung $4x + 5y = 62$ hinaus.

Da 4 und 5 teilerfremd sind, ist diese Gleichung nach Satz 12a in $\mathbb{Z}$ lösbar:
$1 = \text{ggT}(a,b) = -4 + 5$, also $x = -1, y = 1$.
Von daher ist $4x + 5y = 62$ lösbar mit $x = -62, y = 62$.

In unserer Sachsituation macht diese Lösung nun wenig Sinn, da die Anzahl der gekauften Hühner schlecht eine negative Zahl sein kann. Schauen wir uns die Zahlen noch einmal genau an, so entdecken wir weitere Lösungen der Gleichung, bei denen x und y $\in \mathbb{N}$ sind:

$62 = 12 + 50$ (in diesem Fall sind es 3 Hühner 10 Enten), $62 = 32 + 30$ (hier sind es 8 Hühner, 5 Enten), $62 = 52 + 10$ (13 Hühner, 2 Enten).

Welche Gesetzmäßigkeiten bestehen zwischen diesen möglichen Lösungen? Was haben sie mit der Lösung $x = -62, y = 62$ zu tun? Kann man bei der Kenntnis einer Lösung sofort alle weiteren Lösungen angeben? Diesen Fragen werden wir in diesem Abschnitt nachgehen.

Definition 5: lineare diophantische Gleichung

Eine Gleichung der Form $a \cdot x + b \cdot y = c$ mit $a, b \in \mathbb{N}$ und $c \in \mathbb{Z}$ heißt *lineare diophantische Gleichung* mit zwei Variablen, falls man als Lösung nur ganzzahlige x und y zulässt.

Wir formulieren Satz 12 neu:

---

[5] Diophantos von Alexandria, babylonischer (?) Mathematiker, um 250 n. Chr.

Satz 13: Die lineare diophantische Gleichung $a \cdot x + b \cdot y = c$ ist genau dann lösbar, wenn $\text{ggT}(a,b) \mid c$.

Beispiele: Die lineare diophantische Gleichung $5x + 9y = 12$ ist lösbar, da $\text{ggT}(5,9) = 1$ und $1 \mid 12$. Dagegen ist $5x + 10y = 12$ nicht lösbar, denn $\text{ggT}(5,10) = 5$ und 5 ist kein Teiler von 12. Die lineare diophantische Gleichung $210x + 704y = 2$ ist lösbar, denn $\text{ggT}(210,704) = 2$.

Hinführung zu Satz 14:

Wir kennen bereits ein Verfahren, *eine* Lösung einer linearen diophantischen Gleichung zu bestimmen. Nennen wir dieses Lösungspaar (x_0, y_0). Falls es noch ein weiteres Lösungspaar (x_1, y_1) gibt, so muss gelten:

$$
\begin{aligned}
a \cdot x_1 + b \cdot y_1 &= c \\
a \cdot x_0 + b \cdot y_0 &= c \\
\hline
\Rightarrow a \cdot (x_1 - x_0) + b \cdot (y_1 - y_0) &= 0
\end{aligned}
$$

Eine Lösung dieser letzten Gleichung erhalten wir, indem wir $x_1 - x_0 = b$ und $y_1 - y_0 = -a$ setzen, denn $a \cdot b + b \cdot (-a) = 0$. Zwischen den beiden Lösungspaaren (x_0, y_0) und (x_1, y_1) einer linearen diophantischen Gleichung $a \cdot x + b \cdot y = c$ besteht also die Beziehung $x_1 = x_0 + b$ und $y_1 = y_0 - a$.

Zusätzlich sind $(x_0 + k \cdot b, y_0 - k \cdot a)$, $k \in \mathbb{Z}$, Lösungspaare der Gleichung, wie man durch Einsetzen sieht:

$$
\begin{aligned}
& a \cdot (x_0 + k \cdot b) + b \cdot (y_0 - k \cdot a) = c \\
\Leftrightarrow\; & a \cdot x_0 + a \cdot k \cdot b + b \cdot y_0 - b \cdot k \cdot a = c \\
\Leftrightarrow\; & a \cdot x_0 + b \cdot y_0 = c.
\end{aligned}
$$

Schließlich können wir $a \cdot (x_1 - x_0) + b \cdot (y_1 - y_0) = 0$ durch $d = \text{ggT}(a,b)$ dividieren, ohne dass sich dadurch etwas an der Ganzzahligkeit der Lösungen ändert: $\dfrac{a}{d} \cdot (x_1 - x_0) + \dfrac{b}{d} \cdot (y_1 - y_0) = 0$.

4.7 Lineare diophantische Gleichnungen mit zwei Variablen

Analog zu oben erhalten wir für diese Gleichung als Lösungspaare alle Paare der Form $(x_0 + k \cdot \frac{b}{d}, y_0 - k \cdot \frac{a}{d})$, $k \in \mathbb{Z}$. Wir fassen diese Überlegungen in folgendem Satz zusammen:

Satz 14: Sei (x_0, y_0) eine Lösung der linearen diophantischen Gleichung $a \cdot x + b \cdot y = c$. Dann besteht die Lösungsmenge genau aus den Paaren $(x_0 + k \cdot \frac{b}{d}, y_0 - k \cdot \frac{a}{d})$ mit $k \in \mathbb{Z}$, wobei $d = \text{ggT}(a,b)$.

Beweis:

(1) Durch Einsetzen wird gezeigt, dass mit (x_0, y_0) die Paare der genannten Form Lösungen der linearen diophantischen Gleichung sind:
Sei (x_0, y_0) eine Lösung, also $a \cdot x_0 + b \cdot y_0 = c$.

Wegen
$$a \cdot (x_0 + k \cdot \frac{b}{d}) + b \cdot (y_0 - k \cdot \frac{a}{d}) = c$$
$$\Leftrightarrow a x_0 + a k \frac{b}{d} + b y_0 - b k \frac{a}{d} = c$$
$$\Leftrightarrow a x_0 + b y_0 = c$$

ist auch $(x_0 + k \cdot \frac{b}{d}, y_0 - k \cdot \frac{a}{d})$ mit $k \in \mathbb{Z}$ und $d = \text{ggT}(a,b)$ Lösung.

(2) Wir müssen noch zeigen, dass es keine Lösungspaare gibt, die nicht von dieser Form sind. Sei also (x_1, y_1) eine weitere Lösung.

Dann gilt: $a \cdot x_1 + b \cdot y_1 = c$
und $a \cdot x_0 + b \cdot y_0 = c$
Subtraktion liefert: $a \cdot (x_1 - x_0) + b \cdot (y_1 - y_0) = 0$
$\Leftrightarrow a \cdot (x_1 - x_0) = -b \cdot (y_1 - y_0)$
$\Leftrightarrow a \cdot (x_1 - x_0) = b \cdot (y_0 - y_1)$

Wir dividieren durch $d = \text{ggT}(a,b)$ und erhalten

$$\frac{a}{d} \cdot (x_1 - x_0) = \frac{b}{d} \cdot (y_0 - y_1), \qquad (*)$$

woraus folgt $\frac{a}{d} \mid \frac{b}{d} \cdot (y_0 - y_1)$.

Da $\frac{a}{d}$ und $\frac{b}{d}$ teilerfremd sind, muss gelten $\frac{a}{d} \mid (y_0 - y_1)$.

Es gibt also $k \in \mathbb{Z}$ mit $\quad \frac{a}{d} \cdot k = y_0 - y_1$ \hfill (**)

$\Leftrightarrow \quad y_1 = y_0 - \frac{a}{d} \cdot k.$

y_1 ist also schon von der besagten Form.

Einsetzen von (**) in (*) liefert: $\quad \frac{a}{d} \cdot (x_1 - x_0) = \frac{b}{d} \cdot \frac{a}{d} \cdot k$

$\Rightarrow \quad x_1 - x_0 = \frac{b}{d} \cdot k$

$\Rightarrow \quad x_1 = x_0 + \frac{b}{d} \cdot k$

x_1 ist also ebenfalls von der besagten Form und wir haben wirklich alle Lösungen der linearen diophantischen Gleichung wie im Satz angegeben.

Anmerkung:
Man kann eine Gleichung der Form $a \cdot x + b \cdot y = c$ auch als Geradengleichung deuten. Als diophantische Gleichung interessieren uns die Punkte auf dieser Geraden, die ganzzahlige Koordinaten haben, also die Gitterpunkte der Ebene. Die Sätze 13 und 14 besagen dann, dass die Gerade mit der Gleichung $a \cdot x + b \cdot y = c$, wobei $a, b \in \mathbb{N}$, $c \in \mathbb{Z}$, entweder durch keinen Gitterpunkt verläuft oder durch beliebig viele. Je nach Sachlage kann es sein, dass uns nur die Gitterpunkte in einem bestimmten Quadranten interessieren, z.B. die im ersten Quadranten, bei denen x und y positiv sind (wie bei der Aufgabe mit den Hühnern und Enten).

Lösen von Anwendungsaufgaben zu linearen diophantischen Gleichungen

Kommen wir auf unser Eingangsbeispiel mit den Hühnern und Enten zurück und demonstrieren an diesem das Vorgehen beim Lösen einer Aufgabe zu diophantischen Gleichungen:

Ein Bauer kaufte auf dem Markt Hühner und Enten und zahlte dabei für ein Huhn 4 Euro und für eine Ente 5 Euro. Kann es sein, dass er 62 Euro ausgegeben hat? Wenn ja, wie viele Hühner und wie viele Enten könnte er gekauft haben?

4.7 Lineare diophantische Gleichungen mit zwei Variablen

1. **Schritt:** *Aufstellen der linearen diophantischen Gleichung*

   Die Aufgabenstellung führt auf die Gleichung $4x + 5y = 62$, wobei x die Anzahl der gekauften Hühner und y die Anzahl der gekauften Enten bezeichnet.

2. **Schritt:** *Untersuchung der Lösbarkeit der diophantischen Gleichung*

   $ggT(4,5) = 1$, $1 \mid 62$ $\Rightarrow$ Die diophantische Gleichung ist lösbar.

3. **Schritt:** *Bestimmen einer speziellen Lösung der Gleichung*

   Entweder bestimmt man eine spezielle Lösung durch Ausprobieren oder man ermittelt eine solche mit Hilfe des euklidischen Algorithmus.
   Letzteres führt hier zu der speziellen Lösung $x_0 = -62$, $y_0 = 62$.

4. **Schritt:** *Bestimmen aller Lösungen der diophantischen Gleichung*

   $\mathbb{L} = \{(-62 + 5k, 62 - 4k), k \in \mathbb{Z}\}$

5. **Schritt:** *Eventuelle Einschränkung der Lösungsmenge entsprechend den besonderen Anforderungen der gegebenen Sachsituation*

   Da die Anzahl der gekauften Hühner und Enten $\in \mathbb{N}_0$ ist, suchen wir aus $\mathbb{L}$ diejenigen Zahlenpaare aus, die dieser Bedingung genügen:

   $k \leq 12 \Rightarrow x = -62 + 5k < 0$
   $k = 13 :\quad x = 3, y = 10$
   $k = 14 :\quad x = 8, y = 6$
   $k = 15 :\quad x = 13, y = 2$
   $k \geq 16 \Rightarrow y = 62 - 4k < 0$

Anzahl der Hühner	Anzahl der Enten
3	10
8	6
13	2

Abschließend veranschaulichen wir an diesem Beispiel die Interpretation der Lösungsmenge als Menge der Gitterpunkte einer Geraden.

Die Gleichung $4x + 5y = 62 \Leftrightarrow y = -0{,}8x + 12{,}4$ beschreibt eine fallende Gerade, die die y-Achse bei 12,4 (x = 0) und die x-Achse bei 15,5 (y = 0) schneidet. Innerhalb des ersten Quadranten durchläuft diese Gerade genau die Gitterpunkte (3,10), (8,6) und (13,2):

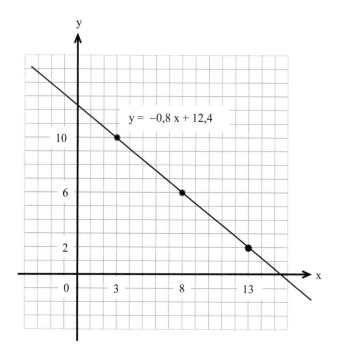

Natürlich ist dieses graphische Lösungsverfahren nicht wirklich von praktischer Relevanz. Einerseits ist es sehr zeitaufwändig. Andererseits wird man beim knappen Streifen von Gitterpunkten der zeichnerischen Genauigkeit misstrauen und zur Kontrolle besser eine Rechnung durchführen.

4.7 Lineare diophantische Gleichungen mit zwei Variablen

Zum Schluss dieses Kapitels lösen wir eine weitere Beispielaufgabe:

Wie lässt sich eine Strecke der Länge 24 cm durch Aneinanderlegen von Stäben der Längen 15 cm und 18 cm herstellen?

Diophantische Gleichung: $\quad 15x + 18y = 24$

Lösbarkeit: $\quad \text{ggT}(15,18) = 3,\; 3\,|\,24 \;\Rightarrow\;$ lösbar

spezielle Lösung:
$18 = 1 \cdot 15 + 3 \Rightarrow 3 = (-1) \cdot 15 + 1 \cdot 18$
$\Rightarrow 24 = (-8) \cdot 15 + 8 \cdot 18$
spezielle Lösung: $(-8, 8)$

Lösungsmenge:
$\mathbb{L} = \{(-8 + k \cdot \dfrac{18}{3},\; 8 - k \cdot \dfrac{15}{3}),\, k \in \mathbb{Z}\}$
$= \{(-8 + 6k,\; 8 - 5k),\, k \in \mathbb{Z}\}$

Wir interpretieren das gefundene Ergebnis:

Die spezielle Lösung $(-8, 8)$ besagt, dass wir 24 cm darstellen können, indem wir 8 Stäbe von je 18 cm Länge aneinander legen und vom Endpunkt dieser Strecke in die andere Richtung (Vorzeichen!) 8 Stäbe der Länge 15 cm anlegen. Als Differenz erhalten wir eine Strecke der Länge 24 cm. Es gibt unendlich viele Möglichkeiten, 24 cm in dieser Weise darzustellen.

Für $k = 1$ erhält man beispielsweise $x = -2$, $y = 3$ als Möglichkeit,
für $k = 2$ erhält man $x = 4$, $y = -2$.

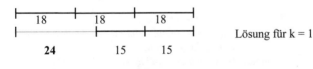

Lösung für $k = 1$

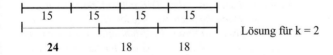

Lösung für $k = 2$

Übung:
1) Lösen Sie die diophantischen Gleichungen:

   a) $7x + 8y = 9$ b) $9x + 16y = 2$

2) Beim letzten Konzert der QuietschBoys zahlten Jugendliche 12 Euro und Erwachsene 17 Euro Eintritt. Die Quietschies – wie ihre Fans sie nennen – nahmen beachtliche 1080 Euro an Eintrittsgeldern ein. Wie viele Erwachsene bzw. Jugendliche könnten gelauscht haben?

3) Ein Weg der Länge 10 m soll mit Platten der Länge 50 cm und 75 cm (Breite unberücksichtigt) ausgelegt werden. Welche Möglichkeiten gibt es?

4) Geschichten aus dem Norden:

   1) Ohe und Remmer führen schon seit fünf Jahren das Fischrestaurant „Zur Gräte" in bester Lage Sankt Paulis. Am Montag haben sie für Speisen 200 Euro (ohne Trinkgeld) kassiert und nur Seelachsmenüs à 7 Euro und Seeteufelschmaus à 24 Euro serviert.

   2) Sonntags geht das Geschäft deutlich besser und auch ausgefallenere Menüs werden bestellt. Da Susi, die attraktive Bedienung, heute ein Date hat, müssen Ohe und Remmer den Laden alleine schmeißen. Als die letzten Gäste bezahlt haben zählen die Beiden ihre Einnahmen bei einem Pils: Ohe freut sich über 642 Euro und 68 Euro Trinkgeld, Remmer hat 332 Euro und 32 Euro Trinkgeld.

   Remmer: *Nicht schlecht – was?*
   Ohe: *Naja, Susi hätte mindestens 70 Euro mehr Trinkgeld geschafft.*
   Remmer: *Da kommt mir eine Idee.*
   Ohe: *Und?*
   Remmer: *Lass uns die Trinkgelder zusammenlegen. Dann könnten wir wieder Gold- und Kampffische in unser Aquarium im Lokal setzen und schon bleiben die Gäste länger, essen mehr, trinken mehr, ..., auch wenn Susi mal nicht da ist.*

4.7 Lineare diophantische Gleichnungen mit zwei Variablen

Ohe: *Gute Maßnahme. Aber denke ans Sauberhalten: höchstens 25 Tiere, nur Kampf- und Goldfische, keine Wasserpflanzen, keine Schnecken, und bei den Kampffischen nur die schönen bunten Männchen.*

Remmer nickt und schickt Susi am nächsten Tag mit dem gesamten Betrag zum Einkaufen in Friedos Fischstübchen. Friedo bietet den Kampffisch für 14 Euro, den Goldfisch für 4 Euro an, pro fünf Fische gibt es eine kostenlose Schnecke.

a) Susi gibt das gesamte Geld aus. Wie viele Kampf- und Goldfische setzt sie ins Aquarium? Geben Sie alle theoretischen Möglichkeiten an.

a) Welche Möglichkeit hätte Friedo empfohlen, wenn Susi ihn gefragt hätte?

5 Kongruenzen und Restklassen

5.1 Vorüberlegungen

Wir schreiben den 1. Dezember 2011. Es ist ein Donnerstag. Welche anderen Daten des Dezembers sind ebenfalls Donnerstage? In 24 Tagen hat Nikolas Geburtstag. Was ist das für ein Wochentag? Auf welche Daten fallen im Dezember 2011 die Montage, Dienstage, ... ?

2011	Dezember						
	Mo	Di	Mi	Do	Fr	Sa	So
				1	2	3	4
	5	6	7	8	9	10	11
	12	13	14	15	16	17	18
	19	20	21	22	23	24	25
	26	27	28	29	30	31	

An Kalenderblättern gibt es viel zu entdecken. Von den zahlreichen möglichen Fragestellungen haben wir einige herausgegriffen, die den Blick auf den Rest bei einer Division durch 7 lenken. Wenn der 1.12.2011 ein Donnerstag ist, dann auch der 8., 15., 22. und 29.12.2011, also alle Zahlen, die bei Division durch 7 den Rest 1 lassen. Wenn der 1.12. ein Donnerstag ist, dann ist in 24 Tagen (24 = 3 · 7 + **3**) ein Sonntag. Alle Zahlen, die bei Division durch 7 den Rest 0 lassen, fallen im Dezember 2011 auf einen Mittwoch, alle mit Rest 2 auf einen Freitag usw.

Wir haben es hier mit einer Einteilung der natürlichen Zahlen in 7 Klassen (Wochentage) zu tun. Zwei Zahlen (Daten) fallen in dieselbe Klasse (auf denselben Wochentag), wenn sie bei Division durch 7 denselben Rest lassen. Auf dem Kalenderblatt oben stehen diese Zahlen jeweils in einer Spalte übereinander (Montag: Rest 5, Dienstag: Rest 6, Mittwoch: Rest 0, Donnerstag: Rest 1, Freitag: Rest 2, Samstag: Rest 3, Sonntag: Rest 4).

Wir betrachten noch ein weiteres schulrelevantes Beispiel. Sie kennen die folgende Teilbarkeitsregel: Eine Zahl ist durch 3 oder 9 teilbar, wenn ihre Quersumme durch 3 oder durch 9 teilbar ist. Man könnte diese Regel auch so formulieren: Eine Zahl lässt denselben Rest bei Division durch 3 (durch 9) wie ihre Quersumme. Wieso gilt diese Teilbarkeitsregel?

5.1 Vorüberlegungen

Machen wir uns an einem Beispiel klar, was der Übergang von einer Zahl zu ihrer Quersumme bedeutet. Wenn man die Quersumme von 2318 berechnet, dann behandelt man alle Ziffern so, als wären sie Einer und nicht Zehner, Hunderter, Tausender. Man kann sich das so vorstellen, als würden die Ziffern in einer Stellenwerttafel alle in die Einerspalte verschoben:

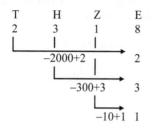

Für den Wert unserer Zahl hat das drastische Konsequenzen, die unter den Pfeilen notiert sind. Für die Frage nach der Teilbarkeit durch 3 oder durch 9 ist dieser „Umbau" allerdings ohne Belang. 2 Tausender wurden abgezogen, 2 Einer dazu gefügt: $-2000 + 2 = -2 \cdot (1000 - 1) = -2 \cdot 999$. Durch unsere Manipulation haben wir also von unserer Zahl etwas abgezogen, das durch 9 und damit auch durch 3 teilbar ist, wir haben bezüglich des Restes bei Division durch 3 oder 9 nichts verändert. Entsprechend verhält es sich mit den Hundertern: Für jeden abgezogenen Hunderter haben wir einen Einer ergänzt, also von unserer Ausgangszahl 99 subtrahiert, was ohne Konsequenzen für die Frage nach dem Rest bei Division durch 3 und 9 ist. Jeder abgezogene Zehner und ergänzte Einer vermindert die Ausgangszahl um 9 und bleibt damit ohne Auswirkungen auf den Rest bei Division durch 3 oder 9.

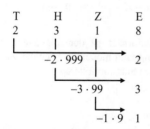

2318 und die Quersumme von 2318 müssen also denselben Rest bei Division durch 3 und durch 9 lassen:

$2318 = 772 \cdot 3 + \mathbf{2}$, $\quad Q(2318) = 2 + 3 + 1 + 8 = 14 = 4 \cdot 3 + \mathbf{2}$,
$2318 = 257 \cdot 9 + \mathbf{5}$, $\quad Q(2318) = 14 = 1 \cdot 9 + \mathbf{5}$.

Übung:
1) Heute ist ein Montag im März. In 150 Tagen treten Sie eine Reise an. An welchem Wochentag fahren Sie los?

2) Welchen Rest lassen die folgenden Zahlen bei Division durch 3 (durch 9)?
a) 5620 b) 12345 c) 98765 d) 372501

5.2 Definition der Kongruenz

Definition 1: Es seien $m \in \mathbb{N}$ und $a, b \in \mathbb{Z}$. a und b heißen *kongruent modulo m*, wenn sie bei Division durch m denselben Rest r lassen, d.h. wenn es Zahlen $q_1, q_2 \in \mathbb{Z}$ gibt, so dass gilt:
$a = q_1 \cdot m + r$ und $b = q_2 \cdot m + r$ mit $0 \leq r < m$.
Sprechweise: a ist kongruent b modulo m
Schreibweise: $a \equiv b \bmod m$

Beispiele:
$59 \equiv 14 \bmod 5$, denn $59 = 11 \cdot 5 + \mathbf{4}$ und $14 = 2 \cdot 5 + \mathbf{4}$
$-17 \equiv 7 \bmod 3$, denn $-17 = -6 \cdot 3 + \mathbf{1}$ und $7 = 2 \cdot 3 + \mathbf{1}$
$-72 \equiv -64 \bmod 8$, denn $-72 = -9 \cdot 8 + \mathbf{0}$, $-64 = -8 \cdot 8 + \mathbf{0}$

Eine unmittelbare Folgerung aus Definition 1 ist der folgende Satz, der manchmal auch zur Definition von „kongruent modulo m" benutzt wird. Unsere Definition würde man dann als ersten Satz formulieren.

Satz 1: Für alle $a, b \in \mathbb{Z}$ und $m \in \mathbb{N}$ gilt:
$a \equiv b \bmod m \Leftrightarrow m \mid a - b$

5.2 Definition der Kongruenz

Beweis:

„$\Rightarrow$" z.z.: $m \mid a - b$

Sei $a \equiv b \bmod m$

$\Rightarrow \exists \, q_1, q_2 \in \mathbb{Z}$ mit: $a = q_1 \cdot m + r \,\wedge\, b = q_2 \cdot m + r$ / Def. „$\equiv$"

(Differenzbildung)

$\Rightarrow a - b = q_1 \cdot m + r - (q_2 \cdot m + r)$
$= q_1 \cdot m + r - q_2 \cdot m - r$
$= q_1 \cdot m - q_2 \cdot m$
$= (q_1 - q_2) \cdot m \qquad$ mit $(q_1 - q_2) \in \mathbb{Z}$

$\Rightarrow m \mid a - b$ /Def. „$\mid$"

„$\Leftarrow$" z.z.: a und b lassen bei Division durch m denselben Rest.

Wir setzen also $m \mid a - b$ voraus.

Dividieren wir a bzw. b durch m, so gibt es genau ein Paar q_1, r_1 bzw. q_2, r_2 mit $q_1, q_2 \in \mathbb{Z}$, $r_1, r_2 \in \mathbb{N}_0$ und $0 \le r_1, r_2 < m$ [1], so dass $a = q_1 \cdot m + r_1$ und $b = q_2 \cdot m + r_2$.

Wir bilden die Differenz

$a - b = q_1 \cdot m + r_1 - (q_2 \cdot m + r_2)$
$= q_1 \cdot m + r_1 - q_2 \cdot m - r_2$
$= q_1 \cdot m - q_2 \cdot m + r_1 - r_2$
$= (q_1 - q_2) \cdot m + (r_1 - r_2)$

Da	$m \mid (q_1 - q_2) \cdot m$	/Kap. 1, Satz 2a
und	$m \mid a - b$	/ Voraussetzung
folgt	$m \mid (a - b) - (q_1 - q_2) \cdot m$	/ Kap. 1, Satz 3
und	$m \mid r_1 - r_2$.	/ da $(a - b) - (q_1 - q_2) \cdot m = (r_1 - r_2)$

Da $0 \le r_1, r_2 < m$, muss $r_1 - r_2$ betragsmäßig kleiner als m sein. Damit diese Zahl, die betragsmäßig kleiner als m ist, von m geteilt wird, muss gelten $r_1 - r_2 = 0$, also $r_1 = r_2$.

a und b lassen also bei Division durch m denselben Rest, also gilt $a \equiv b \bmod m$.

---

[1] Wir haben in Kapitel 4 den Satz von der Division mit Rest zwar nur für natürliche Zahlen a und b formuliert, teilen Ihnen hier aber ohne Beweis mit, dass auch seine Verallgemeinerung für ganze Zahlen gilt. Durch eine entsprechende Wahl von q kann man auch sicher stellen, dass der Rest 0 bzw. positiv ist.

Mit Satz 1 können wir z.B. sofort feststellen, dass $292 \equiv 250 \mod 7$ ist, denn $7 \mid 292 - 250$. In der Tat: $250 = 35 \cdot 7 + 5$ und $292 = 41 \cdot 7 + 5$.

Eine weitere äquivalente Charakterisierung der Kongruenz beinhaltet

Satz 2: Für alle $a, b \in \mathbb{Z}$ und $m \in \mathbb{N}$ gilt:

$a \equiv b \mod m \Leftrightarrow$ es gibt ein $q \in \mathbb{Z}$ mit $a = b + q \cdot m$.

Beweis:

$a \equiv b \mod m \quad \Leftrightarrow m \mid a - b$ /wegen Satz 1
$\quad\quad\quad\quad\quad\quad \Leftrightarrow \exists q \in \mathbb{Z}$ mit $a - b = q \cdot m$ /Def. $a \mid b$
$\quad\quad\quad\quad\quad\quad \Leftrightarrow \exists q \in \mathbb{Z}$ mit $a = b + q \cdot m$

Übung: 1) Beweisen oder widerlegen Sie:

a) $a \equiv b \mod m \Rightarrow a^2 \equiv b^2 \mod m$
b) $a^2 \equiv b^2 \mod m \Rightarrow a \equiv b \mod m$

2) Zeigen Sie: Für $m \in \mathbb{N}$, $a \in \mathbb{Z}$ gilt: $m \mid a \Leftrightarrow a \equiv 0 \mod m$.

5.3 Eigenschaften

Zunächst stellen wir fest, dass durch die Kogruenz modulo m eine Relation bestimmt ist: Für jedes Zahlenpaar (a,b) aus $\mathbb{Z} \times \mathbb{Z}$ gilt, dass $a \equiv b \mod m$ entweder erfüllt ist oder nicht. Durch die Kongruenz wird also bei festem $m \in \mathbb{N}$ eine Teilmenge $R = \{(a,b) \mid a, b \in \mathbb{Z}, a \equiv b \mod m\}$ von $\mathbb{Z} \times \mathbb{Z}$ also eine Relation bestimmt. Diese Relation hat die folgenden Eigenschaften:

5.3 Eigenschaften

Satz 3: Für alle $m \in \mathbb{N}$ und $a, b, c \in \mathbb{Z}$ gilt:
1) $a \equiv a \bmod m$ (Reflexivität)
2) $a \equiv b \bmod m$ und $b \equiv c \bmod m \;\Rightarrow\; a \equiv c \bmod m$ (Transitivität)
3) $a \equiv b \bmod m \;\Rightarrow\; b \equiv a \bmod m$ (Symmetrie)

Die Kongruenzrelation ist also eine Äquivalenzrelation.

Beweis:

1) Für alle $a \in \mathbb{Z}$ gilt: $m \mid a - a \;\Rightarrow\; a \equiv a \bmod m$ für alle $a \in \mathbb{Z}$ /n. Satz 1

2) $a \equiv b \bmod m \wedge b \equiv c \bmod m$ /n. Voraussetzung
$\Rightarrow m \mid a - b \,\wedge\, m \mid b - c$ /n. Satz 1
$\Rightarrow m \mid (a - b) + (b - c)$ /n. Satz 3a, Kap. 1
$\Rightarrow m \mid a - c$
$\Rightarrow a \equiv c \bmod m$ /n. Satz 1

3) $a \equiv b \bmod m \;\Rightarrow\; m \mid a - b$ /n. Satz 1
$\Rightarrow m \mid (-1) \cdot (a - b)$ /n. Satz 2a, Kap. 1
$\Rightarrow m \mid b - a$
$\Rightarrow b \equiv a \bmod m$ /n. Satz 1

Eine andere Äquivalenzrelation, die Sie kennen, ist die Gleichheit. Sie ist gewissermaßen der Prototyp der Äquivalenzrelation. Andere Beispiele sind die Parallelität von Geraden in der Ebene (gleiche Richtung), die Flächeninhaltsgleichheit geometrischer Figuren oder die Gleichmächtigkeit von endlichen Mengen. $a \equiv b \bmod m$ besagt zwar weniger als $a = b$, aber es gibt etwas Gleiches bei a und b, und zwar den gleichen Rest bei Division durch m[2]. Von daher ist es nicht verwunderlich, dass man mit Kongruenzen modulo m ähnliche Rechnungen wie mit Gleichungen anstellen kann. Man kann sie zueinander addieren und subtrahieren und miteinander multiplizieren.

---

[2] Sind zwei natürliche Zahlen z.B. modulo 2 kongruent zueinander, so besitzen sie dieselbe „Parität", sind also beide gerade oder beide ungerade. Sind zwei natürliche Zahlen modulo 10 kongruent zueinander, so endet ihre Darstellung im Dezimalsystem auf dieselbe Ziffer.

Satz 4: Es sei $a \equiv b \bmod m$ und $c \equiv d \bmod m$. Dann gilt:
1) $a \pm c \equiv b \pm d \bmod m$
2) $a \cdot c \equiv b \cdot d \bmod m$

Beispiel: Es gilt $7 \equiv 12 \bmod 5$ und $13 \equiv 3 \bmod 5$, woraus folgt:
$7 + 13 \equiv 12 + 3 \bmod 5$, also $20 \equiv 15 \bmod 5$,
$7 - 13 \equiv 12 - 3 \bmod 5$, also $-6 \equiv 9 \bmod 5$ und
$7 \cdot 13 \equiv 12 \cdot 3 \bmod 5$, also $91 \equiv 36 \bmod 5$.

Beweis:

1) $\quad a \equiv b \bmod m \;\wedge\; c \equiv d \bmod m$ /Voraussetzung
$\Rightarrow\; m\,|\,a-b \;\wedge\; m\,|\,c-d$ /Satz 1
$\Rightarrow\; m\,|\,(a-b)+(c-d)$ ① /Satz 3a, Kap.1
$\quad\wedge\; m\,|\,(a-b)-(c-d)$ ② /Satz 3a, Kap.1
Aus ① folgt: $m\,|\,(a+c)-(b+d)$, also $a+c \equiv b+d \bmod m$, /Satz 1
aus ② folgt: $m\,|\,(a-c)-(b-d)$, also $a-c \equiv b-d \bmod m$. /Satz 1

2) $\quad a \equiv b \bmod m \;\wedge\; c \equiv d \bmod m$ /Voraussetzung
$\Rightarrow\; m\,|\,a-b \;\wedge\; m\,|\,c-d$ /Satz 1
$\Rightarrow\; m\,|\,(a-b)\cdot c \;\wedge\; m\,|\,(c-d)\cdot b$ /Satz 2a, Kap.1
$\Rightarrow\; m\,|\,(a-b)\cdot c + (c-d)\cdot b$ /Satz 3a, Kap.1
$\Rightarrow\; m\,|\,a\cdot c - b\cdot c + b\cdot c - b\cdot d$ /DG
$\Rightarrow\; m\,|\,a\cdot c - b\cdot d$
$\Rightarrow\; a\cdot c \equiv b\cdot d \bmod m$ /Satz 1

Die Satz 4 entsprechenden Aussagen bei Gleichungen würden lauten:
Wenn $a = b$ und $c = d$, dann gilt: 1) $a \pm c = b \pm d$ 2) $a \cdot c = b \cdot d$.

Es ist zu fragen, ob sich auch die bei Gleichungen gültige Aussage:
„Wenn $a = b$ und $c = d$, dann gilt $a : c = b : d$" so nahtlos auf die Kongruenz übertragen lässt. Doch bevor wir dieser Frage nachgehen, betrachten wir weitere Folgerungen aus Satz 4.

Die erste Folgerung ist ein Satz, der ein Spezialfall von Satz 4 ist. Setzt man in Satz 4 $d = c$, wodurch die Voraussetzung $c \equiv d \bmod m$ auf jeden Fall erfüllt ist und nicht extra notiert werden muss, so gilt:

5.3 Eigenschaften

Satz 4a: Es sei $a \equiv b \bmod m$. Dann gilt für alle $c \in \mathbb{Z}$:
1) $a \pm c \equiv b \pm c \bmod m$
2) $a \cdot c \equiv b \cdot c \bmod m$

Beispiel: Da $59 \equiv 37 \bmod 11$ gilt auch $159 \equiv 137 \bmod 11$ (+ 100) und $29 \equiv 7 \bmod 11$ (–30) und $2950 \equiv 1850 \bmod 11$ (·50), wie man durch eine Kontrollrechnung bestätigt.

Eine weitere Folgerung aus Satz 4 ist der folgende Satz 5.

Satz 5: Für alle $n \in \mathbb{N}_0$ gilt: $a \equiv b \bmod m \Rightarrow a^n \equiv b^n \bmod m$.

Der Beweis sei Ihnen zur Übung überlassen.

Hinführung zu Satz 6:

Kann man Kongruenzen – analog zu Gleichungen – auch dividieren?

Mit anderen Worten, gilt etwa die Vermutung:

$a \equiv b \bmod m \quad \wedge \quad c \equiv d \bmod m \quad \Rightarrow \quad a : c \equiv b : d \bmod m$?

Dass diese Behauptung nicht allgemeingültig ist, zeigt folgendes

<u>Gegenbeispiel:</u>
$180 \equiv 120 \bmod 12 \wedge 10 \equiv 10 \bmod 12$, aber <u>nicht</u> $180:10 \equiv 120:10 \bmod 12$
denn <u>nicht</u> $18 \equiv 12 \bmod 12$

Wohl aber gilt offenbar:
$180 \equiv 120 \bmod 12 \wedge 5 \equiv 5 \bmod 12$, damit auch $180:5 \equiv 120:5 \bmod 12$
denn $36 \equiv 24 \bmod 12$

Worin besteht nun der zentrale Unterschied zwischen beiden „Beispielen"?

Wir dürfen die Kongruenz $180 \equiv 120 \bmod 12$ offensichtlich nicht auf beiden Seiten durch 10 dividieren, wohl aber durch 5.

Der wesentliche Unterschied zwischen diesen beiden Beispielen besteht darin, dass 10 und 12 nicht teilerfremd sind, wohl aber 5 und 12.

Allgemein gilt, dass man bei einer Kongruenz immer dann durch einen gemeinsamen Teiler von a und b dividieren kann, wenn dieser zum Modul teilerfremd ist. Da diese Aussage ein Spezialfall eines allgemeineren Satzes ist, formulieren wir sie als:

Satz 6a: $\quad z \cdot a \equiv z \cdot b \bmod m$ und $\operatorname{ggT}(z,m) = 1 \implies a \equiv b \bmod m$

Beispiele: $\quad 35 \equiv 98 \bmod 9 \implies 5 \equiv 14 \bmod 9$ (Division durch 7)
$\quad\quad\quad\quad\;\; 32 \equiv 12 \bmod 5 \implies 8 \equiv 3 \bmod 5$ (Division durch 4)

Wir beweisen statt des Sonderfalls gleich den allgemeinen Satz 6.

Satz 6: $\quad z \cdot a \equiv z \cdot b \bmod m$ und $\operatorname{ggT}(z,m) = d \implies a \equiv b \bmod (m{:}d)$

Beispiele: $\quad 180 \equiv 120 \bmod 12, \operatorname{ggT}(10,12) = 2 \implies 18 \equiv 12 \bmod 6$
$\quad\quad\quad\quad\;\; 105 \equiv 135 \bmod 10, \operatorname{ggT}(15,10) = 5 \implies 7 \equiv 9 \bmod 2$
$\quad\quad\quad\quad\;\; 160 \equiv 210 \bmod 50, \operatorname{ggT}(10,50) = 10 \implies 16 \equiv 21 \bmod 5$

Beweis von Satz 6:

$\quad z \cdot a \equiv z \cdot b \bmod m$
$\implies m \mid z \cdot a - z \cdot b \quad\quad\quad\quad\quad\quad\quad\quad\quad\quad\quad\quad\quad\quad$ /Satz 1
$\implies m \mid z \cdot (a - b) \quad\quad\quad\quad\quad\quad\quad\quad\quad\quad\quad\quad\quad\quad\;\;$ /DG
$\implies \exists\, q \in \mathbb{Z} \text{ mit } m \cdot q = z \cdot (a - b) \quad\quad\quad\quad\quad\quad\quad$ /Def. „$\mid$"

Division der Gleichung auf beiden Seiten durch $d = \operatorname{ggT}(z,m)$ liefert:

$\implies (m{:}d) \cdot q = (z{:}d) \cdot (a - b)$, wobei $(m{:}d)$ und $(z{:}d)$ natürliche Zahlen sind und der $\operatorname{ggT}((m{:}d),(z{:}d)) = 1$ (wegen Satz 6 (3), Kapitel 4: $\operatorname{ggT}(a,b) = d \implies \operatorname{ggT}(a{:}d, b{:}d) = 1$).

$\implies m{:}d \mid (z{:}d) \cdot (a - b) \quad\quad\quad\quad\quad\quad\quad\quad\quad\quad\;$ /n. Def. „$\mid$"-Relation
$\implies m{:}d \mid a - b \quad\quad\quad\quad\quad\quad\quad\quad\quad\quad\quad\quad\quad\;\;\;$ /da $\operatorname{ggT}(m{:}d,z{:}d) = 1$
$\implies a \equiv b \bmod (m{:}d) \quad\quad\quad\quad\quad\quad\quad\quad\quad\quad\quad\quad\;$ /n. Satz 1

Übung: 1) Beweisen Sie Satz 5.

2) Mit welcher Ziffer endet die Zahl 3^{80} (3^{110})?

3) Zeigen Sie noch einmal, diesmal aber mittels Satz 5, dass 3, 5 und 17 Teiler von $2^{256} - 1$ sind.

4) Beweisen Sie:
   a) $za \equiv zb \bmod zm \;\Rightarrow\; a \equiv b \bmod m$
   b) $a \equiv b \bmod m$ und $d \mid m, d \in \mathbb{N} \;\Rightarrow\; a \equiv b \bmod d$
   c) $a \equiv b \bmod m$ und $a \equiv b \bmod n$ und $\operatorname{ggT}(m,n) = 1$
       $\Rightarrow a \equiv b \bmod mn$

5.4 Restklassen

Im letzten Abschnitt wurde bewiesen, dass die Kongruenzrelation eine Äquivalenzrelation in $\mathbb{Z}$ ist. Nun ist es so, dass jede Äquivalenzrelation die Menge, auf der sie definiert ist, in Klassen zerlegt, d.h. jedes Element wird genau einer Klasse zugeordnet. Bei der Kongruenzrelation nennt man diese Klassen *Restklassen*.

Bei gegebenem Modul $m \in \mathbb{N}$ zerlegen wir $\mathbb{Z}$ so in Restklassen, dass wir alle Zahlen, die bei Division durch m denselben Rest lassen, in einer Klasse zusammenfassen. Für $m = 4$ veranschauliche die Abbildung rechts, wie alle ganzen Zahlen ihren Platz in einer Restklasse finden. Den kleinsten Vertreter ≥ 0 jeder Restklasse haben wir fett gezeichnet. Er gibt der entsprechenden Restklasse ihren Namen.

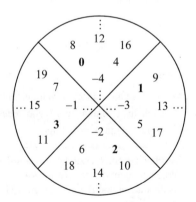

Für den Fall m = 7 gibt es dann 7 Klassen[3], und zwar die Klasse $\bar{0}$ aller ganzen Zahlen, die durch 7 teilbar sind, also {..., −14, −7, 0, 7, 14, 21, ...}, die Menge $\bar{1}$ aller Zahlen, die bei Division durch 7 den Rest 1 lassen, also {..., −13, −6, 1, 8, 15, 22, ...}, die Mengen $\bar{2}$ = {..., −5, 2, 9, ...} (Rest 2 bei Division durch 7), $\bar{3}$ = {..., −4, 3, 10, ...}, $\bar{4}$ = {..., −3, 4, 11, ...}, $\bar{5}$ = {..., −2, 5, 12, ...} und $\bar{6}$ = {..., −1, 6, 13, ...}. Wir definieren allgemein:

Definition 2: Restklasse, Repräsentant

Jede Menge $\bar{a}$ = {x ∈ $\mathbb{Z}$ | x ≡ a mod m} nennt man *Restklasse modulo m*. Jedes Element x ∈ $\bar{a}$ heißt *Repräsentant* der Restklasse $\bar{a}$ [4]. Die Menge aller Restklassen modulo m bezeichnet man mit R_m.

Für m = 5 sind 12 und 17 Repräsentanten für die Restklasse $\bar{2}$, da 12 ∈ $\bar{2}$ (12 ≡ 2 mod 5) und 17 ∈ $\bar{2}$ (17 ≡ 2 mod 5). Elemente von R_5 sind z.B. $\bar{0}$, $\bar{2}$, $\bar{7}$, $\bar{3}$, $\overline{-1}$, wobei $\bar{2}$ und $\bar{7}$ dasselbe Element von R_5 darstellen, wie ein Vergleich der Mengen sofort zeigt: $\bar{2}$ = {..., −13, −8, −3, 2, 7, 12, 17, ...}, $\bar{7}$ = {..., −13, −8, −3, 2, 7, 12, 17, ...}. Aber auch ohne einen Vergleich der Mengen kann man sofort feststellen, ob zwei Restklassen $\bar{a}$ und $\bar{b}$ gleich sind. Im Beispiel erkennt man nämlich, dass 2 und 7 modulo 5 zueinander kongruent sind. Allgemein gilt:

Satz 7: Für alle a, b ∈ $\mathbb{Z}$ und jeden Modul m ∈ $\mathbb{N}$ gilt:
a ≡ b mod m ⇔ $\bar{a}$ = $\bar{b}$

Beweis:

„⇒" Sei also a ≡ b mod m. Wir zeigen nun, dass jedes Element t aus $\bar{a}$ dann auch in $\bar{b}$ enthalten ist und jedes Element t aus $\bar{b}$ auch in $\bar{a}$ liegt, woraus dann $\bar{a}$ = $\bar{b}$ folgt.

---

[3] Vergleichen Sie hierzu das Eingangsbeispiel mit dem Kalenderblatt und den Wochentagen, die den Restklassen entsprechen. Beachten Sie aber, dass wir es da nur mit natürlichen Zahlen ≤ 31 zu tun haben.

[4] Dem Zeichen $\bar{a}$ kann man nicht ansehen, welches Modul zugrunde gelegt ist. Das muss aus dem Zusammenhang entnommen werden.

5.4 Restklassen

Betrachtet sei ein beliebiges $t \in \bar{a}$:

$\Rightarrow t \equiv a \bmod m$	/n. Def. $\bar{a}$
$\Rightarrow t \equiv a \bmod m \;\wedge\; a \equiv b \bmod m$	/n. Vorauss.
$\Rightarrow t \equiv b \bmod m$	/Transitivität der „$\equiv$"-Rel.
$\Rightarrow t \in \bar{b}$	/n. Def. $\bar{a}$

Betrachtet sei jetzt ein beliebiges $t \in \bar{b}$:

$\Rightarrow t \equiv b \bmod m$	/n. Def. $\bar{a}$
$\Rightarrow t \equiv b \bmod m \;\wedge\; a \equiv b \bmod m$	/n. Vorauss.
$\Rightarrow t \equiv b \bmod m \;\wedge\; b \equiv a \bmod m$	/Symmetrie der „$\equiv$"-Rel.
$\Rightarrow t \equiv a \bmod m$	/Transitivität der „$\equiv$"-Rel.
$\Rightarrow t \in \bar{a}$	/n. Def. $\bar{a}$

Also gilt insgesamt $\bar{a} = \bar{b}$.

„$\Leftarrow$" Sei $\bar{a} = \bar{b}$. Daraus folgt $a \in \bar{b}$, da $a \in \bar{a}$.
Nach Definition 2 gilt also $a \equiv b \bmod m$.
oder:
Betrachtet sei

$a \in \bar{a}$	
$\Rightarrow a \in \bar{b}$	/da $\bar{a} = \bar{b}$
$\Rightarrow a \equiv b \bmod m$	/ $\bar{b} = \{x \in \mathbb{Z} \mid x \equiv b \bmod m\}$; Def. $\bar{b}$

Zum Schluss dieses Abschnitts soll noch gezeigt werden, dass der Name Rest*klasse* sinnvoll gewählt ist, dass die Kongruenzrelation also wirklich eine Klasseneinteilung von der Menge $\mathbb{Z}$ bewirkt. Zwar folgt dies aus der Tatsache, dass die Kongruenzrelation eine Äquivalenzrelation ist und jede Äquivalenzrelation eine Klasseneinteilung bewirkt[5], wir wollen dies aber ohne Rückgriff auf diesen allgemeinen Satz beweisen.

Satz 8: Die Menge R_m aller Restklassen ist bei festem Modul $m \in \mathbb{N}$ eine Klasseneinteilung von $\mathbb{Z}$. Die Zahlen 0, 1, 2, 3, ... , m−1 sind die einfachsten Repräsentanten dieser Restklassen. Es gilt also $R_m = \{\bar{0}, \bar{1}, \bar{2}, \bar{3}, ... , \overline{m-1}\}$.

---

[5] Dies ist ein Satz der elementaren Mengenlehre.

Beweis:

z.z.: 1) $R_m = \{\bar{0}, \bar{1}, \bar{2}, \bar{3}, \ldots, \overline{m-1}\}$

2) Die Restklassen $\bar{0}$ bis $\overline{m-1}$ sind paarweise disjunkt, d.h. keine ganze Zahl gehört gleichzeitig zwei verschiedenen Restklassen an.

3) Die Vereinigung aller Restklassen von R_m ist die Menge $\mathbb{Z}$.

   $(\bar{0} \cup \bar{1} \cup \bar{2} \cup \ldots \cup \overline{m-1} = \mathbb{Z})$

Zu 1) Es ist klar, dass $\{\bar{0}, \bar{1}, \bar{2}, \ldots, \overline{m-1}\} \subseteq R_m$ gilt, denn R_m ist die Menge aller Restklassen und enthält damit insbesondere die genannten m Restklassen.

Wir müssen noch zeigen, dass $R_m \subseteq \{\bar{0}, \bar{1}, \bar{2}, \ldots, \overline{m-1}\}$.

- Nach dem Satz von der Division mit Rest gibt es *zu jedem beliebigen* $a \in \mathbb{Z}$ und $m \in \mathbb{N}$ genau ein Zahlenpaar (q, r), $q \in \mathbb{Z}$, $r \in \mathbb{N}_0$, $0 \leq r < m$, mit $a = qm + r$.

- a lässt also bei Division durch m den Rest r. ①

- Da $r < m$ gilt $r = 0 \cdot m + r$.
  Also lässt auch r bei Division durch m den Rest r. ②

- Aus ① und ② folgt: $a \equiv r \bmod m$ /Def. „≡"

- $a \equiv r \bmod m \Leftrightarrow \bar{a} = \bar{r}$ /Satz 7

- Da $r < m$ und $r \in \mathbb{N}_0$ kann es also höchstens die m Restklassen $\bar{0}, \bar{1}, \bar{2}, \ldots, \overline{m-1}$ geben, also $R_m \subseteq \{\bar{0}, \bar{1}, \bar{2}, \ldots, \overline{m-1}\}$.

Insgesamt gilt also $R_m = \{\bar{0}, \bar{1}, \bar{2}, \ldots, \overline{m-1}\}$.

Zu 2) (Beweis indirekt) *Angenommen*, zwei *verschiedene* Restklassen $\bar{i}$ und $\bar{j}$ aus R_m seien nicht disjunkt.

Dann gibt es ein $x \in \mathbb{Z}$ mit $x \in \bar{i}$ und $x \in \bar{j}$.

$\quad x \in \bar{i} \wedge x \in \bar{j}$

$\Rightarrow x \equiv i \bmod m \wedge x \equiv j \bmod m$ /Def. $\bar{a}$
$\Rightarrow i \equiv x \bmod m \wedge x \equiv j \bmod m$ /Symmetrie von „≡"
$\Rightarrow i \equiv j \bmod m$ /Transitivität von „≡"
$\Rightarrow \bar{i} = \bar{j}$ /Satz 7

$\bar{i} = \bar{j}$ aber steht im Widerspruch zur Voraussetzung, dass $\bar{i}$ und $\bar{j}$ verschiedene Restklassen sind. Also sind alle Restklassen paarweise disjunkt.

Zu 3) Jedes $x \in \mathbb{Z}$ gehört zu mindestens einer Restklasse, denn es gilt $x \in \bar{x}$. Also ergibt die Vereinigung aller Restklassen die Menge $\mathbb{Z}$.

Übung: 1) Geben Sie R_3 und R_5 an.

2) Bestimmen Sie die Restklassen (einfachste Repräsentanten), zu denen die jeweils angegebenen Zahlen gehören.
   a) modulo 4: 11, −8, 17, 25, −13
   b) modulo 6: 30, 55, −9, −63, 100

3) Heute ist ein Donnerstag. In 150 Tagen treten Sie eine Reise an. Welcher Wochentag ist dann?
   Die Reise verschiebt sich um 30 Tage. An welchem Wochentag fahren Sie los?

5.5 Rechnen mit Restklassen

Beispiel 1: In welcher Restklasse (modulo 10) liegt $122 + 225$?

$122 \equiv 2 \mod 10$, also $122 \in \bar{2}$

$225 \equiv 5 \mod 10$, also $225 \in \bar{5}$

In welcher Restklasse liegt die Summe $122 + 225$?
Wir addieren und erhalten $122 + 225 = 347$,

$347 \equiv 7 \mod 10$, also $347 \in \bar{7}$.

Hätten wir dies auch ohne die Addition der Zahlen 122 und 225 durchzuführen nicht sofort an den Restklassen $\bar{2}$ und $\bar{5}$ erkennen können?

Beispiel 2: In welcher Restklasse (m = 10) liegt die Summe aus 77 und 86?

Es gilt $\quad 77 \equiv 7 \bmod 10, \qquad$ also $77 \in \overline{7}$,
und $\qquad 86 \equiv 6 \bmod 10, \qquad$ also $86 \in \overline{6}$,
$\quad 77 + 86 = 163$
$\quad 163 \equiv 3 \bmod 10, \qquad$ also $77 + 86 \in \overline{3}$.

Nach Satz 4, Abschnitt 3 dieses Kapitels, hätten wir auch rechnen können
$\qquad 77 + 86 \equiv 7 + 6 \bmod 10,$
also $\qquad 77 + 86 \equiv 13 \bmod 10,$
also $\qquad 77 + 86 \equiv 3 \bmod 10, \quad$ da $13 \equiv 3 \bmod 10 \Leftrightarrow \overline{13} = \overline{3}$
also $\qquad 77 + 86 \in \overline{13} = \overline{3}$.

Wir hätten also auch gleich die Restklassen $\overline{7}$ und $\overline{6}$ addieren können und als Ergebnis $\overline{13} = \overline{3}$ erhalten.

Gilt dies allgemein oder ist es eine Besonderheit des Moduls 10? Auch bei dem Wochentagsbeispiel aus Übung 3 des letzten Abschnitts hätten wir gleich die Restklassen addieren können. Der heutige Donnerstag entspricht $\overline{0}$.
$150 \equiv 3 \bmod 7$, also ist der ursprüngliche Abreisetag ein Sonntag ($\overline{3}$). 30 Tage Verzögerung bewirken, da $30 \equiv 2 \bmod 7$, dass der neue Abreisetag ein Dienstag ist ($\overline{5}$, da $3 + 2 = 5$). Zur Kontrolle: $150 + 30 = 180 \equiv 5 \bmod 7$.

In Anlehnung an Beispiel (2) werden wir nun auf der Menge R_{10} (allgemein R_m) eine Verknüpfung *Restklassenaddition* einführen, für die wir zur Unterscheidung von der Addition ganzer Zahlen das Zeichen $\oplus$ verwenden. Wir verdeutlichen uns die Art der Definition am Beispiel des Moduls m = 10:

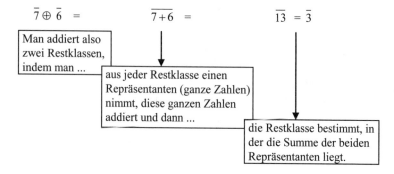

5.5 Rechnen mit Restklassen

Wir definieren also:

Definition 3: Restklassenaddition

Seien $\bar{a}$ und $\bar{b}$ Restklassen aus R_m.

Unter der Verknüpfung $\bar{a} \oplus \bar{b}$ *(Restklassenaddition)* versteht man dann die eindeutig bestimmte Restklasse $\overline{a+b}$:
$$\bar{a} \oplus \bar{b} = \overline{a+b}$$

Eindeutig ist die Restklassenaddition natürlich nur dann bestimmt, wenn sie unabhängig von der Wahl der Repräsentanten ist.

Bleiben wir etwa beim Modul m = 10, so gilt ja:

$\bar{7} = \{..., -23, -13, -3, 7, 17, 27, ...\}$

$\bar{6} = \{..., -24, -14, -4, 6, 16, 26, ...\}$

Wenn also $\bar{7} \oplus \bar{6} = \overline{13} = \bar{3}$

dann müssten auch

etwa $\quad \overline{-3} \oplus \overline{16} = \bar{3}$

oder etwa $\quad \overline{17} \oplus \overline{-24} = \bar{3}$ gelten,

da hier lediglich andere Repräsentanten ausgewählt wurden.

Eine Überprüfung dieser Beispiele ergibt:

$\overline{-3} \oplus \overline{16} \quad = \overline{-3+16} \quad = \overline{13} \quad = \bar{3} \quad$, da $13 \equiv 3 \bmod 10$

$\overline{17} \oplus \overline{-24} \quad = \overline{17-24} \quad = \overline{-7} \quad = \bar{3} \quad$, da $-7 \equiv 3 \bmod 10$

Offensichtlich spielt also die Wahl der Repräsentanten keine Rolle.

Allgemein kann man die Unabhängigkeit unserer Definition der Restklassenaddition von der Wahl der Repräsentanten mit Hilfe von Satz 4 zeigen:

Wegen Satz 7	$a \equiv b \bmod m \Leftrightarrow \bar{a} = \bar{b}$
lautet Satz 4	$a \equiv b \bmod m, \ c \equiv d \bmod m \Rightarrow a+c \equiv b+d \bmod m$
in Restklassennotation	$\bar{a} = \bar{b}, \quad \bar{c} = \bar{d} \quad \Rightarrow \overline{a+c} = \overline{b+d}$,
also	$\bar{a} \oplus \bar{c} = \bar{b} \oplus \bar{d}$.

Die Restklassenaddition $\overline{a} \oplus \overline{b}$ ist also unabhängig von der Wahl der Repräsentanten. Zudem liegt das Ergebnis einer Restklassenaddition immer in R_m, die Restklassenaddition ist also abgeschlossen.
Damit ist unsere Definition sinnvoll.

Da wir durch diese Definition die Restklassenaddition über den Rückgriff auf die Addition in $\mathbb{Z}$ festgelegt haben, übertragen sich die Eigenschaften der Addition in $\mathbb{Z}$ auf die Restklassenaddition. Es gilt:

1) Die Restklassenaddition ist abgeschlossen:
 $\overline{a} \oplus \overline{b} \in R_m$ für alle $\overline{a}, \overline{b} \in R_m$.

2) Die Restklassenaddition ist kommutativ:
 $\overline{a} \oplus \overline{b} = \overline{a+b} = \overline{b+a} = \overline{b} \oplus \overline{a}$ für alle $\overline{a}, \overline{b} \in R_m$.

3) Die Restklassenaddition ist assoziativ:
 $(\overline{a} \oplus \overline{b}) \oplus \overline{c} = \overline{a+b} \oplus \overline{c} = \overline{(a+b)+c} = \overline{a+(b+c)} = \overline{a} \oplus \overline{b+c}$
 $= \overline{a} \oplus (\overline{b} \oplus \overline{c})$ für alle $\overline{a}, \overline{b}, \overline{c} \in R_m$.

4) $\overline{0}$ ist das neutrale Element in R_m bezüglich $\oplus$:
 $\overline{a} \oplus \overline{0} = \overline{a+0} = \overline{a}$ für alle $\overline{a} \in R_m$.

5) Zu jedem $\overline{a} \in R_m$ ist $\overline{m-a}$ das inverse Element bezüglich $\oplus$:
 $\overline{a} \oplus \overline{m-a} = \overline{a+m-a} = \overline{m} = \overline{0}$ für alle $\overline{a} \in R_m$.

Wir haben also gezeigt:

Satz 9: Für alle $m \in \mathbb{N}$ ist $(R_m, \oplus)$ eine kommutative Gruppe.

Memo: Ein Verknüpfungsgebilde $(G; *)$ heißt Gruppe, wenn ...

    a) mit $a, b \in G$ immer auch $a*b$ in G liegt (abgeschlossen).

    b) die Verknüpfung „$*$" in G assoziativ ist.

    c) in $(G; *)$ ein neutrales Element existiert.

    d) es in $(G; *)$ zu jedem Element ein inverses Element gibt.

- $(G; *)$ heißt *kommutative Gruppe*, wenn zusätzlich zu den Bedingungen (a) bis (d) die Verknüpfung „$*$" in G kommutativ ist.

- *Halbgruppen* verfügen nur über die Eigenschaften (a) und (b).

5.5 Rechnen mit Restklassen

Durch das Verknüpfungsgebilde $(R_m, \oplus)$ haben wir nun ein gut überschaubares Beispiel einer endlichen kommutativen Gruppe mit m Elementen. Schauen wir uns für den Fall m = 4 einmal die zugehörige **Gruppentafel** an.

$R_4 = \{\bar{0}, \bar{1}, \bar{2}, \bar{3}\}$

$\oplus$	$\bar{0}$	$\bar{1}$	$\bar{2}$	$\bar{3}$
$\bar{0}$	$\bar{0}$	$\bar{1}$	$\bar{2}$	$\bar{3}$
$\bar{1}$	$\bar{1}$	$\bar{2}$	$\bar{3}$	$\bar{0}$
$\bar{2}$	$\bar{2}$	$\bar{3}$	$\bar{0}$	$\bar{1}$
$\bar{3}$	$\bar{3}$	$\bar{0}$	$\bar{1}$	$\bar{2}$

An dieser „1+1-Tafel" der Restklassenaddition modulo 4 können wir die Gruppeneigenschaften von $(R_4, \oplus)$ erkennen.

Die **Kommutativität** zeigt sich in der Symmetrie der Tafel bezüglich der grau unterlegten Hauptdiagonalen:

$\oplus$	$\bar{0}$	$\bar{1}$	$\bar{2}$	$\bar{3}$
$\bar{0}$	$\bar{0}$	$\bar{1}$	$\bar{2}$	$\bar{3}$
$\bar{1}$	$\bar{1}$	$\bar{2}$	$\bar{3}$	$\bar{0}$
$\bar{2}$	$\bar{2}$	$\bar{3}$	$\bar{0}$	$\bar{1}$
$\bar{3}$	$\bar{3}$	$\bar{0}$	$\bar{1}$	$\bar{2}$

Dass $\bar{0}$ das **neutrale Element** ist, sieht man daran, dass die erste Zeile und Spalte innerhalb der Tafel mit der Randzeile bzw. -spalte übereinstimmt:

$\oplus$	$\bar{0}$	$\bar{1}$	$\bar{2}$	$\bar{3}$
$\bar{0}$	$\bar{0}$	$\bar{1}$	$\bar{2}$	$\bar{3}$
$\bar{1}$	$\bar{1}$	$\bar{2}$	$\bar{3}$	$\bar{0}$
$\bar{2}$	$\bar{2}$	$\bar{3}$	$\bar{0}$	$\bar{1}$
$\bar{3}$	$\bar{3}$	$\bar{0}$	$\bar{1}$	$\bar{2}$

Die **Existenz inverser Elemente** erkennt man daran, dass in jeder Zeile und in jeder Spalte das neutrale Element $\overline{0}$ genau einmal auftritt. So gilt $\overline{0}$ und $\overline{2}$ sind zu sich selbst invers, und $\overline{1}$ und $\overline{3}$ sind zueinander invers:

$\oplus$	$\overline{0}$	$\overline{1}$	$\overline{2}$	$\overline{3}$
$\overline{0}$	$\overline{0}$	$\overline{1}$	$\overline{2}$	$\overline{3}$
$\overline{1}$	$\overline{1}$	$\overline{2}$	$\overline{3}$	$\overline{0}$
$\overline{2}$	$\overline{2}$	$\overline{3}$	$\overline{0}$	$\overline{1}$
$\overline{3}$	$\overline{3}$	$\overline{0}$	$\overline{1}$	$\overline{2}$

Lediglich die Assoziativität ist nicht unmittelbar aus der Tafel ersichtlich.

Weiterhin erkennt man an der Tafel, dass in jeder Zeile und in jeder Spalte jedes Element genau einmal vorkommt. Das bedeutet, dass man für jede Gleichung der Form $\overline{a} \oplus \overline{x} = \overline{x} \oplus \overline{a} = \overline{b}$ eine eindeutige Lösung $\overline{x}$ in R_4 findet. Dies gilt natürlich nicht nur in R_4, sondern ist auf R_m verallgemeinerbar.

Satz 10: In jeder Restklassenmenge R_m ist jede Additionsgleichung der Form $\overline{a} \oplus \overline{x} = \overline{x} \oplus \overline{a} = \overline{b}$ eindeutig lösbar.

Beweis: z.z. (1) Existenz, (2) Eindeutigkeit der Lösung

Zu (1): Mit $\overline{x} = \overline{-a+b}$ kann man eine Lösung sofort angeben, denn
$\overline{a} \oplus \overline{x} = \overline{a} \oplus \overline{-a+b} = \overline{a-a+b} = \overline{b}$.

Zu (2): (indirekt) *Angenommen*, die Gleichung $\overline{a} \oplus \overline{x} = \overline{b}$ habe zwei verschiedene Lösungen $\overline{x_1}$ und $\overline{x_2}$, so gilt:

$\overline{a} \oplus \overline{x_1} = \overline{a} \oplus \overline{x_2} = \overline{b}$

$\Rightarrow \overline{a+x_1} = \overline{a+x_2} = \overline{b}$

$\Rightarrow \overline{a+x_1} = \overline{a+x_2}$

Addition von $\overline{-a}$ auf beiden Seiten der Gleichung liefert:

$\Rightarrow \overline{a+x_1} \oplus \overline{-a} = \overline{a+x_2} \oplus \overline{-a}$

$\Rightarrow \overline{a+x_1-a} = \overline{a+x_2-a} \Rightarrow \overline{x_1} = \overline{x_2}$ (Widerspruch zur Ann.)

Jede Gleichung der Form $\overline{a} \oplus \overline{x} = \overline{b}$ hat eine eindeutige Lösung.

5.5 Rechnen mit Restklassen

Analog zur Restklassenaddition führen wir nun eine *Restklassenmultiplikation* ein, für die wir das Zeichen $\otimes$ verwenden. Im Fall m = 5 erhält man z.B. $\overline{2} \otimes \overline{3} = \overline{6} = \overline{1}$ oder $\overline{4} \otimes \overline{3} = \overline{12} = \overline{2}$. Wieder garantiert uns Satz 4, Abschnitt 3, die Unabhängigkeit des Restklassenproduktes von der Wahl der Repräsentanten. Da auch das Ergebnis einer Restklassenmultiplikation wieder eine Restklasse aus R_m ist, können wir wie folgt definieren:

Definition 4: Restklassenmultiplikation

Seien $\overline{a}$ und $\overline{b}$ Restklassen aus R_m. Unter der Verknüpfung $\overline{a} \otimes \overline{b}$ *(Restklassenmultiplikation)* versteht man dann die eindeutig bestimmte Restklasse $\overline{ab}$: $\overline{a} \otimes \overline{b} = \overline{ab}$.

Wir wollen im Folgenden die Eigenschaften der Restklassenmultiplikation untersuchen. Wir betrachten dazu die Multiplikationstafel der Menge aller Restklassen modulo 4, also $R_4 = \{\overline{0}, \overline{1}, \overline{2}, \overline{3}\}$:

$\otimes$	$\overline{0}$	$\overline{1}$	$\overline{2}$	$\overline{3}$
$\overline{0}$	$\overline{0}$	$\overline{0}$	$\overline{0}$	$\overline{0}$
$\overline{1}$	$\overline{0}$	$\overline{1}$	$\overline{2}$	$\overline{3}$
$\overline{2}$	$\overline{0}$	$\overline{2}$	$\overline{0}$	$\overline{2}$
$\overline{3}$	$\overline{0}$	$\overline{3}$	$\overline{2}$	$\overline{1}$

Zunächst sehen wir, dass die Restklassenmultiplikation **abgeschlossen** ist. In der Tafel tauchen nur Elemente aus R_4 auf.

Die Symmetrie bezüglich der Hauptdiagonalen zeigt uns, dass die Restklassenmultiplikation in R_4 **kommutativ** ist. Dies gilt natürlich allgemein, da die Multiplikation in $\mathbb{Z}$ kommutativ ist: $\overline{a} \otimes \overline{b} = \overline{ab} = \overline{ba} = \overline{b} \otimes \overline{a}$ für alle $\overline{a}, \overline{b} \in R_m$.

Die **Assoziativität** gilt ebenfalls: $\overline{a} \otimes (\overline{b} \otimes \overline{c}) = \overline{a} \otimes \overline{bc} = \overline{a(bc)} = \overline{(ab)c} = \overline{ab} \otimes \overline{c} = (\overline{a} \otimes \overline{b}) \otimes \overline{c}$ für alle $\overline{a}, \overline{b}, \overline{c} \in R_m$. Sie leitet sich aus der Assoziativität der Multiplikation ganzer Zahlen ab.

Ein Blick auf die grau unterlegte Zeile und Spalte zeigt uns **das neutrale Element** bezüglich $\otimes$: Es ist die Restklasse $\bar{1}$.

$\otimes$	$\bar{0}$	$\bar{1}$	$\bar{2}$	$\bar{3}$
$\bar{0}$	$\bar{0}$	$\bar{0}$	$\bar{0}$	$\bar{0}$
$\bar{1}$	$\bar{0}$	$\bar{1}$	$\bar{2}$	$\bar{3}$
$\bar{2}$	$\bar{0}$	$\bar{2}$	$\bar{0}$	$\bar{2}$
$\bar{3}$	$\bar{0}$	$\bar{3}$	$\bar{2}$	$\bar{1}$

Allgemein gilt: $\bar{a} \otimes \bar{1} = \overline{a \cdot 1} = \bar{a} = \overline{1 \cdot a} = \bar{1} \otimes \bar{a} = \bar{a}$ für alle $\bar{a} \in R_m$.[6]

Die Tafel zeigt uns auch, dass es *nicht* zu jeder Restklasse aus R_4 eine inverse Restklasse gibt, denn *nicht* in jeder Zeile taucht das neutrale Element $\bar{1}$ auf. $\bar{1}$ und $\bar{3}$ sind jeweils zu sich selbst invers, aber zu $\bar{2}$ gibt es kein $\bar{x}$ mit $\bar{2} \otimes \bar{x} = \bar{1}$, und zu der Restklasse $\bar{0}$ gibt es ebenfalls kein inverses Element.

Letzteres gilt in jeder Menge R_m mit $m > 1$, denn $\bar{0} \otimes \bar{a} = \bar{0} \neq \bar{1}$ für alle $\bar{a} \in R_m$, $m > 1$. Also ist $(R_m, \otimes)$ keine Gruppe. Auch die Menge $R_m \setminus \{\bar{0}\}$ bildet für viele m keine Gruppe unter der Verknüpfung $\otimes$, wie unser Beispiel $m = 4$ zeigt, denn auch $\bar{2}$ besitzt in R_m kein Inverses.

Zwischen der Addition und der Multiplikation ganzer Zahlen besteht ein Zusammenhang, den das Distributivgesetz beschreibt:
$a(b+c) = ab + ac$ für alle $a, b, c \in \mathbb{Z}$.

Ein analoges Gesetz gilt auch in R_m:

Für alle $\bar{a}, \bar{b}, \bar{c} \in R_m$ gilt:

$$\bar{a} \otimes (\bar{b} \oplus \bar{c}) = \bar{a} \otimes \overline{b+c} = \overline{a(b+c)} = \overline{ab+ac} = \overline{ab} \oplus \overline{ac}$$
$$= \bar{a} \otimes \bar{b} \oplus \bar{a} \otimes \bar{c}.$$

---

[6] Man sagt: $(R_m, \otimes)$ ist eine kommutative Halbgruppe mit neutralem Element.

5.5 Rechnen mit Restklassen

Wir haben damit gezeigt, dass $(R_m, \oplus, \otimes)$ ein kommutativer Ring mit Einselement ist [7].

Bei der Suche nach inversen Elementen hatten wir schon festgestellt, dass eine Gleichung der Form $\bar{a} \otimes \bar{x} = \bar{b}$ nicht immer eine Lösung besitzt, etwa im Fall $\bar{a} = \bar{2}$ und $\bar{b} = \bar{1}$. Aber auch wenn $\bar{b}$ nicht das neutrale Element ist, ist eine solche Gleichung unter Umständen unlösbar. So findet sich in R_4 auch kein $\bar{x}$ mit $\bar{2} \otimes \bar{x} = \bar{3}$. Wenn Gleichungen dieser Art lösbar sind, dann ist die Lösung obendrein nicht immer eindeutig. So gibt es in R_4 gleich zwei Lösungen der Gleichung $\bar{2} \otimes \bar{x} = \bar{2}$, die Restklassen $\bar{1}$ und $\bar{3}$.

Eine weitere Besonderheit, die wir von der Menge der ganzen Zahlen nicht gewohnt sind, betrifft Gleichungen der Form $\bar{a} \otimes \bar{b} = \bar{0}$. Während in $\mathbb{Z}$ stets gilt $ab = 0 \Rightarrow a = 0$ oder $b = 0$, gilt dies bei den Restklassen nicht. So ist im obigen Beispiel $\bar{2} \otimes \bar{2} = \bar{0}$ und in R_6 gilt z.B. $\bar{3} \otimes \bar{4} = \overline{12} = \bar{0}$. Den Fall, dass es Restklassen $\bar{a}$ und $\bar{b} \in R_m$ gibt mit $\bar{a} \otimes \bar{b} = \bar{0}$, obwohl $\bar{a} \neq \bar{0}$ und $\bar{b} \neq \bar{0}$ ist, trifft man genau dann an, wenn m eine zusammengesetzte Zahl ist.

Der Beweis sei Ihnen zur Übung überlassen.

---

[7] **Memo: Ring**
Ein Ring ist eine Menge mit mindestens zwei Elementen, in der eine primäre Verknüpfung (etwa „$\oplus$") und eine sekundäre Verknüpfung (etwa „$\otimes$") definiert sind und für die gilt:
Die Menge ist hinsichtlich der primären Verknüpfung eine kommutative Gruppe (abelsche Gruppe) und bezüglich der sekundären Verknüpfung „$\otimes$" assoziativ. Außerdem gilt das Distributivgesetz.
Der Ring heißt kommutativ, wenn die Verknüpfung „$\otimes$" kommutativ ist.
Der Ring besitzt ein Einselement, wenn es für die Verknüpfung „$\otimes$" ein neutrales Element gibt.
(In kommutativen Ringen kann man „uneingeschränkt addieren/multiplizieren". Beispiel: $(\mathbb{Z}, +, \cdot)$)

Übung: 1) Stellen Sie die Verknüpfungstafeln für die Restklassenaddition und -multiplikation auf für R_6.

2) Bestimmen Sie zu den Elementen aus R_7 jeweils die inversen Elemente bezüglich der Restklassenaddition.

3) Finden Sie alle Elemente in R_{12}, die von der Restklasse $\overline{0}$ verschieden sind, für die aber gilt: $\overline{a} \otimes \overline{b} = \overline{0}$.

4) Welche Gruppeneigenschaften gelten in $(R_5, \otimes)$, welche in $(R_5 \backslash \{\overline{0}\}, \otimes)$?

5.6 Anwendungen der Kongruenz- und Restklassenrechnung

Teilbarkeitsüberlegungen

Kongruenzen und Restklassen erlauben es nicht nur, viele Sätze und Beweise übersichtlich und ökonomisch zu formulieren, sondern auch zahlreiche Aufgaben zur Teilbarkeit eleganter zu lösen als über den Rückgriff auf die Teilbarkeitsrelation. Dies möchten wir Ihnen anhand einiger Beispielaufgaben demonstrieren.

<u>Aufgabe 1:</u> Zeigen Sie, dass $7^{50} + 1$ durch 50 teilbar ist.

Wir suchen eine möglichst kleine Potenz von 7, die bei Division durch 50 einen für die weiteren Überlegungen gut überschaubaren Rest lässt.

Es gilt: $7^2 \equiv -1 \bmod 50$, denn $50 \mid 7^2 + 1$ /Satz 1
$\Rightarrow \quad (7^2)^{25} \equiv (-1)^{25} \bmod 50$ /Satz 5
$\Rightarrow \quad\quad 7^{50} \equiv -1 \bmod 50$ /$(-1)^{25} = (-1)$
$\Rightarrow 7^{50} + 1 \equiv -1 + 1 \bmod 50$ /Satz 4a
$\Rightarrow 7^{50} + 1 \equiv 0 \bmod 50$

5.6 Anwendungen der Kongruenz- und Restklassenrechnung

Aufgabe 2: Auf welche beiden Ziffern endet 101^{101}?
(D.h.: Welchen Rest lässt 101^{101} bei der Division durch 100?)

$\quad\quad 101 \equiv 1 \mod 100$
$\Rightarrow \quad 101^{101} \equiv 1^{101} \mod 100 \quad\quad\quad\quad\quad\quad\quad\quad\quad\quad$ /Satz 5
$\Rightarrow \quad 101^{101} \equiv 1 \mod 100 \quad\quad\quad\quad\quad\quad\quad\quad\quad\quad$ /$1^{101} = 1$

Die Zahl 101^{101} endet also auf ... 01.

Aufgabe 3: Die sechste Fermatsche Zahl F_5 ist keine Primzahl, sondern durch 641 teilbar[7]. Zeigen Sie dies, ohne $F_5 = 2^{32} + 1$ zu berechnen.

z.z.: $F_5 = 2^{32} + 1$ ist durch 641 teilbar, m.a.W.: $2^{32} + 1 \equiv 0 \mod 641$

Zunächst stellen wir fest, dass $641 = 5 \cdot 128 + 1 = 5 \cdot 2^7 + 1$.
Es gilt also:

$\quad\quad 5 \cdot 2^7 + 1 \equiv 0 \mod 641$
$\Rightarrow \quad\quad 5 \cdot 2^7 \equiv -1 \mod 641 \quad\quad\quad\quad\quad\quad\quad\quad$ /Satz 4a
$\Rightarrow \quad (5 \cdot 2^7)^4 \equiv (-1)^4 \mod 641 \quad\quad\quad\quad\quad\quad$ /Satz 5
$\Rightarrow \quad 5^4 \cdot 2^{28} \equiv 1 \mod 641 \quad\quad (*) \quad\quad\quad\quad$ /$(-1)^4 = 1$

Wir untersuchen nun, welchen Rest 5^4 bei Division durch 641 lässt.

$\quad\quad 5^4 = 625$, also: $5^4 \equiv -16 \mod 641$
$\Rightarrow \quad 5^4 \equiv -2^4 \mod 641$
$\Rightarrow -2^4 \equiv 5^4 \mod 641 \quad\quad\quad\quad\quad\quad\quad\quad\quad$ /Symm. der „$\equiv$"-Rel.
$\Rightarrow -2^4 \cdot 2^{28} \equiv 5^4 \cdot 2^{28} \mod 641 \;\wedge\; 5^4 \cdot 2^{28} \equiv 1 \mod 641 \quad$ /Satz 4a und (*)
$\Rightarrow -2^4 \cdot 2^{28} \equiv 1 \mod 641 \quad\quad\quad\quad\quad\quad\quad$ /Trans. der „$\equiv$"-Rel.
$\Rightarrow \quad\quad -2^{32} \equiv 1 \mod 641$
$\Rightarrow \quad\quad\quad 2^{32} \equiv -1 \mod 641 \quad\quad\quad\quad\quad\quad$ /Satz 4a
$\Rightarrow \quad 2^{32} + 1 \equiv 0 \mod 641 \quad\quad\quad\quad\quad\quad\quad$ /Satz 4a

Also ist $F_5 = 2^{32} + 1$ durch 641 teilbar.

---

[7] In Kapitel 3, Abschnitt 3, hatten wir bereits festgestellt, dass $F_5 = 2^{32} + 1 = 4294967297 = 641 \cdot 6700417$ ist.

Aufgabe 4: Zeigen Sie, dass für alle $n \in \mathbb{N}_0$ gilt: $3 \mid 2n + n^3$.

Teilt man eine natürliche Zahl durch 3, so können drei Fälle auftreten: Entweder ist n durch 3 teilbar, oder n lässt bei Division durch 3 den Rest 1, oder es ergibt sich ein Rest von 2. Wir untersuchen die drei Fälle separat und wenden die Sätze (4), (4a) und (5) geeignet an.

1. Fall:
   $n \equiv 0 \mod 3 \;\Rightarrow\; 2n \equiv 0 \mod 3$ und $n^3 \equiv 0 \mod 3 \;\Rightarrow\; 2n + n^3 \equiv 0 \mod 3$
2. Fall:
   $n \equiv 1 \mod 3 \;\Rightarrow\; 2n \equiv 2 \mod 3$ und $n^3 \equiv 1 \mod 3$
   $\Rightarrow\; 2n + n^3 \equiv 2+1 \mod 3 \equiv 0 \mod 3$
3. Fall:
   $n \equiv 2 \mod 3 \;\Rightarrow\; 2n \equiv 4 \mod 3$, also $2n \equiv 1 \mod 3$ und $n^3 \equiv 2^3 \mod 3$,
   also $n^3 \equiv 2 \mod 3$
   $\Rightarrow\; 2n + n^3 \equiv 1 + 2 \mod 3 \equiv 0 \mod 3$

Lösen linearer diophantischer Gleichungen

Wir stellen Ihnen neben dem in Kapitel 4 beschrittenen Lösungsweg zum Lösen diophantischer Gleichungen nun einen zweiten Lösungsweg vor, der ohne die u. U. langwierige und fehleranfällige Bestimmung einer speziellen Lösung per euklidischem Algorithmus auskommt und auf dem Rechnen mit Restklassen beruht. Dieses Verfahren arbeitet aber nur korrekt, wenn die diophantische Gleichung zunächst durch den ggT(a,b) gekürzt wird. Wir kommen später darauf, warum dies so ist.

Wir bearbeiten noch einmal die Ihnen aus Kapitel 4 bekannte Aufgabe mit dem Bauern, der Hühner und Enten kauft. Sie führte auf die diophantische Gleichung $4x + 5y = 62$. Wir formen diese um zu

$\quad\quad 4x = 62 - 5y$
$\Rightarrow\; 4 \mid 62 - 5y$ /n. Def. „$\mid$" (Kap. 1, Def. 1)
$\Rightarrow\; 62 \equiv 5y \mod 4$ /$a \equiv b \mod m \;\Leftrightarrow\; m \mid a - b$ (Satz 1)
$\Rightarrow\; \overline{62} = \overline{5y}$ /$a \equiv b \mod m \;\Leftrightarrow\; \overline{a} = \overline{b}$ (Satz 7)
$\Rightarrow\; \overline{2} = \overline{y}$ /da $62 \equiv 2 \mod 4 \;\wedge\; 5y \equiv 1y \mod 4$

Die Restklasse $\overline{y} = \overline{2}$ modulo 4 besteht aus den Zahlen $y = 2 + 4k$, $k \in \mathbb{Z}$.

5.6 Anwendungen der Kongruenz- und Restklassenrechnung

Wir setzen diesen Ausdruck in der diophantischen Gleichung für y ein und erhalten:

$$4x + 5y = 62$$
$$\Rightarrow 4x + 5(2 + 4k) = 62$$
$$\Rightarrow 4x + 10 + 20k = 62$$
$$\Rightarrow 4x = 52 - 20k$$
$$\Rightarrow x = 13 - 5k$$

Die Lösungsmenge der linearen diophantischen Gleichung ist demnach $\mathbb{L} = \{(13 - 5k, 2 + 4k), k \in \mathbb{Z}\}$.

Dieses Verfahren zum Lösen diophantischer Gleichungen stellt nur dann eine Erleichterung dar, wenn man beim Übergang zu einer Restklassengleichung das Modul geschickt wählt. Um dies zu verdeutlichen lösen wir eine weitere diophantische Gleichung: $13x + 101y = 20$.

Wir können diese Gleichung auf zwei verschiedene Weisen umformen:

1. Möglichkeit:

$$13x + 101y = 20$$
$$\Rightarrow 13x = 20 - 101y$$
$$\Rightarrow 13 \mid 20 - 101y$$
$$\Rightarrow \overline{20} = \overline{101y} \pmod{13}$$
$$\Rightarrow \overline{7} = \overline{10} \otimes \overline{y} \pmod{13}$$

2. Möglichkeit:

$$13x + 101y = 20$$
$$\Rightarrow 101y = 20 - 13x$$
$$\Rightarrow 101 \mid 20 - 13x$$
$$\Rightarrow \overline{20} = \overline{13x} \pmod{101}$$
$$\Rightarrow \overline{20} = \overline{13} \otimes \overline{x} \pmod{101}$$

Bei der ersten Möglichkeit finden wir durch Einsetzen der Restklassen $\overline{0}$, $\overline{1}$, $\overline{2}$ sehr schnell die Lösung der Restklassengleichung: $\overline{y} = \overline{2}$. Bei der zweiten Möglichkeit führt die Suche nach der Lösung $\overline{x}$ erst bei $\overline{87}$ zum Ziel!

Abschließend soll noch untersucht werden, warum man eine diophantische Gleichung zunächst durch den ggT(a,b) kürzen muss, bevor man sie nach dem eben beschriebenen Verfahren lösen kann. Wir nehmen als Beispiel die Ihnen aus Kapitel 4 bekannte Aufgabe, wie man die Strecke der Länge 24 cm mit Hölzern der Längen 15 cm und 18 cm messen kann. Diese Aufgabe führte auf die diophantische Gleichung $15x + 18y = 24$. Man kann diese Gleichung durch $3 = \text{ggT}(15,18)$ kürzen und erhält die Gleichung $5x + 6y = 8$, die dieselbe Lösungsmenge besitzt wie die ursprüngliche Gleichung. Was passiert, wenn man ohne zu kürzen nach dem Verfahren über Restklassengleichungen diese Aufgabe löst?

$15x + 18y = 24 \Rightarrow 15x = 24 - 18y \Rightarrow 15 \mid 24 - 18y \Rightarrow \overline{24} = \overline{18y}$
$\Rightarrow \overline{9} = \overline{3y} \Rightarrow \overline{9} = \overline{3} \otimes \overline{y}$.

Man sieht sofort, dass $\overline{3}$ eine Lösung dieser Restklassengleichung modulo 15 ist. Sie ist aber nicht die einzige Lösung, denn in R_{15} gilt auch

$\overline{3} \otimes \overline{8} = \overline{24} = \overline{9}$ und $\overline{3} \otimes \overline{13} = \overline{39} = \overline{9}$.

Eine eindeutige Lösung einer Restklassengleichung wie der obigen erhalten wir nur, wenn die Repräsentanten teilerfremd sind, was man erst durch das Kürzen durch den ggT erreicht. Mit der gekürzten Gleichung arbeitet unser Verfahren einwandfrei:

$5x + 6y = 8 \Rightarrow 5x = 8 - 6y \Rightarrow \overline{8} = \overline{6y} \Rightarrow \overline{3} = \overline{y}$

Die Elemente der Restklasse $\overline{3}$ mod 5 sind die Zahlen $y = 3 + 5k$, $k \in \mathbb{Z}$. Einsetzen liefert $x = -2 - 6k$, $k \in \mathbb{Z}$, also $\mathbb{L} = \{(-2 - 6k, 3 + 5k), k \in \mathbb{Z}\}$.

Teilbarkeitsregeln

In Abschnitt 1 dieses Kapitels haben wir anschaulich die Teilbarkeitsregeln für 3 und für 9 hergeleitet. Wir wollen nun diese und weitere Teilbarkeitsregeln mit Hilfe der Kongruenzrelation herleiten und beweisen.

Alle Teilbarkeitsregeln für natürliche Zahlen basieren zum einen auf der Darstellung im dezimalen Stellenwertsystem[8] (jedes $a \in \mathbb{N}$ lässt sich eindeutig darstellen als $a = z_n \cdot 10^n + z_{n-1} \cdot 10^{n-1} + \ldots + z_2 \cdot 10^2 + z_1 \cdot 10^1 + z_0 \cdot 10^0$ mit $z_i \in \mathbb{N}_0$ und $0 \leq z_i \leq 9$ für alle i) und der systematischen Verkleinerung der Zahlen (statt die Zahl a darauf zu untersuchen, welchen Rest sie bei Division durch m lässt, spaltet man von a Vielfache von m ab und untersucht eine kleinere Zahl b, für die gilt $b \equiv a \mod m$).

Eine Methode der systematischen Verkleinerung ist der Übergang zu Quersummen.

Wir definieren:

---

[8] Allgemeines zu Stellenwertsystemen findet man in Kapitel 7.

5.6 Anwendungen der Kongruenz- und Restklassenrechnung

Definition 5: Quersumme, alternierende Quersumme

Es sei $a = z_n \cdot 10^n + z_{n-1} \cdot 10^{n-1} + \ldots + z_2 \cdot 10^2 + z_1 \cdot 10^1 + z_0 \cdot 10^0 = \sum_{i=0}^{n} z_i \cdot 10^i$ mit $z_i \in \mathbb{N}_0$, $0 \leq z_i \leq 9$ für alle i. Dann heißt

$Q(a) = z_0 + z_1 + z_2 + \ldots + z_{n-1} + z_n = \sum_{i=0}^{n} z_i$ die *Quersumme*

und $Q'(a) = z_0 - z_1 + z_2 - z_3 + z_4 - \ldots z_n = \sum_{i=0}^{n} (-1)^i \cdot z_i$ die

alternierende Quersumme von a.

Beispiele:
$a = 39 \Rightarrow Q(a) = 9 + 3 = 12$, $\quad Q'(a) = 9 - 3 = 6$
$a = 715 \Rightarrow Q(a) = 5 + 1 + 7 = 13$, $\quad Q'(a) = 5 - 1 + 7 = 11$
$a = 1401 \Rightarrow Q(a) = 1 + 0 + 4 + 1 = 6$, $Q'(a) = 1 - 0 + 4 - 1 = 4$

Bevor wir die Ihnen aus der Schule bekannten Teilbarkeitsregeln für 3, 9 und 11 formulieren, überlegen wir, welche Reste die in der Dezimaldarstellung auftretenden Zehnerpotenzen bei Division durch 3, 9 und 11 lassen. Nur bei Kenntnis dieser Reste können wir die Auswirkungen des Übergangs zur Quersumme oder zur alternierenden Quersumme hinsichtlich der Teilbarkeit beurteilen.

Satz 11: Für alle $n \in \mathbb{N}_0$ gilt:
1) $10^n \equiv 1 \mod 3$
2) $10^n \equiv 1 \mod 9$
3) $10^{2n} \equiv 1 \mod 11$
4) $10^{2n+1} \equiv -1 \mod 11$

Beweis:

1) $\quad 10 \equiv 1 \mod 3 \quad\quad\quad /10 = 3 \cdot 3 + 1 \,\wedge\, 1 = 0 \cdot 3 + 1$
$\Rightarrow 10^n \equiv 1^n \mod 3 \quad\quad /\text{n. Kap. 5, Satz 5}$
$\Rightarrow 10^n \equiv 1 \mod 3 \quad\quad\quad /1^n = 1$

2) $\quad 10 \equiv 1 \mod 9 \quad\quad\quad /10 = 1 \cdot 9 + 1 \,\wedge\, 1 = 0 \cdot 9 + 1$
$\Rightarrow 10^n \equiv 1^n \mod 9 \quad\quad /\text{n. Kap. 5, Satz 5}$
$\Rightarrow 10^n \equiv 1 \mod 9 \quad\quad\quad /1^n = 1$

3) $\quad 10 \equiv -1 \mod 11$ $\qquad$ /10=0·11+10 $\wedge$ (−1)=(−1)·11+10
$\Rightarrow 10^{2n} \equiv (-1)^{2n} \mod 11$ $\qquad$ /n. Kap. 5, Satz 5
$\Rightarrow 10^{2n} \equiv 1 \mod 11$ $\qquad$ /gerader Exponent

4) $\quad 10 \equiv -1 \mod 11$ $\qquad$ /10=0·11+10 $\wedge$ (−1)=(−1)·11+10
$\Rightarrow 10^{2n+1} \equiv (-1)^{2n+1} \mod 11$ $\qquad$ /n. Kap. 5, Satz 5
$\Rightarrow 10^{2n+1} \equiv -1 \mod 11$ $\qquad$ /ungerader Exponent

Nach diesen Vorüberlegungen formulieren wir nun die Teilbarkeitsregeln.

Satz 12: Quersummenregel, alternierende Quersummenregel

Jede natürliche Zahl a hat denselben Dreier- und Neunerrest wie ihre Quersumme,
also $a \equiv Q(a) \mod 3$ und $a \equiv Q(a) \mod 9$.

Jede natürliche Zahl a hat denselben Elferrest wie ihre alternierende Quersumme, also $a \equiv Q'(a) \mod 11$.

Beweis:

Wir zeigen als erstes **$a \equiv Q(a) \mod 3$**. Sei $a = \sum_{i=0}^{n} z_i \cdot 10^i$. Dann gilt:

$z_0 \equiv z_0 \mod 3,$ $\qquad$ /n. Satz 11.1 und Satz 4.2
$z_1 \cdot 10^1 \equiv z_1 \mod 3$ $\qquad$ /n. Satz 11.1 und Satz 4.2
$z_2 \cdot 10^2 \equiv z_2 \mod 3$ $\qquad$ /n. Satz 11.1 und Satz 4.2
...
$z_n \cdot 10^n \equiv z_n \mod 3$ $\qquad$ /n. Satz 11.1 und Satz 4.2

Mit Satz 4.1 dieses Kapitels folgt:
$z_0 + z_1 \cdot 10^1 + z_2 \cdot 10^2 + ... + z_n \cdot 10^n \equiv z_0 + z_1 + z_2 + ... + z_n \mod 3$,
also $a \equiv Q(a) \mod 3$.

Der Beweis von $a \equiv Q(a) \mod 9$ verläuft völlig analog.

Wir zeigen nun noch, dass **$a \equiv Q'(a) \mod 11$** gilt. Nach Satz 11.3, 11.4 gilt:

$z_0 \equiv z_0 \mod 11$ $\qquad$ $z_1 \cdot 10^1 \equiv -z_1 \mod 11$
$z_2 \cdot 10^2 \equiv z_2 \mod 11$ $\qquad$ $z_3 \cdot 10^3 \equiv -z_3 \mod 11$
$z_4 \cdot 10^4 \equiv z_4 \mod 11$ $\qquad$ usw.

Mit Satz 4.1 folgt wieder:
$z_0 + z_1 \cdot 10^1 + z_2 \cdot 10^2 + z_3 \cdot 10^3 + z_4 \cdot 10^4 + ... \equiv z_0 - z_1 + z_2 - z_3 + z_4 - ... \mod 11$
also $a \equiv Q'(a) \mod 11$.

5.6 Anwendungen der Kongruenz- und Restklassenrechnung

Beispiele: Wir haben nach Definition 5 schon für einige Zahlen die Quersumme und die alternierende Quersumme berechnet. Aus Q(39) = 12 und Q'(39) = 6 können wir mit Satz 12 folgern, dass 39 durch 3 teilbar ist, aber nicht durch 9 und 11. Wir können noch genauer angeben, dass 39 bei Division durch 9 den Rest 3 und bei Division durch 11 den Rest 6 lässt. 715 ist weder durch 3 noch durch 9 teilbar, da die Quersumme 13 ist (die Reste sind 1 bzw. 4). Da Q'(715) = 11 ist 715 aber durch 11 teilbar. 1401 ist durch 3 teilbar, lässt bei Division durch 9 den Rest 6 und bei Division durch 11 den Rest 4, denn Q(1401) = 6 und Q'(1401) = 4.

Bei sehr großen Zahlen wird die Quersumme ebenfalls recht groß und man kann ihr die Teilbarkeit durch 3 oder 9 eventuell nicht sofort ansehen. In diesem Fall kann man auf die Quersumme nochmals Satz 12 anwenden und die Quersumme der Quersumme berechnen. Schließlich ist eine Quersumme dann durch 3 bzw. 9 teilbar, wenn ihre Quersumme wiederum durch 3 bzw. 9 teilbar ist. So ist z.B. die Quersumme von a = 989898989898 gleich 102 und Q(Q(a)) = Q(102) = 3. a ist also durch 3, nicht aber durch 9 teilbar.

Eine andere Teilbarkeitsregel ist Ihnen ebenfalls geläufig. Subtrahiert man von einer natürlichen Zahl alle Zehner, Hunderter, Tausender usw., betrachtet also nur die letzte Stelle a_0 in der Dezimaldarstellung, so hat man von a auf jeden Fall Vielfache von 10 und damit von 2 und von 5 subtrahiert und damit die Zehner-, Zweier- und Fünferreste nicht angetastet. Es gilt

Satz 13: Erste Endstellenregel

Jede natürliche Zahl a hat denselben Zweier-, Fünfer- und Zehnerrest wie ihre letzte Ziffer in der Dezimaldarstellung, also $a \equiv z_0 \bmod 2$, $a \equiv z_0 \bmod 5$ und $a \equiv z_0 \bmod 10$.

Beweis: Wir zeigen hier lediglich die Aussage über die Zweierreste. Die Beweise für die Fünfer- und Zehnerreste laufen völlig analog.

Sei $a = z_0 \cdot 10^0 + z_1 \cdot 10^1 + ... + z_n \cdot 10^n = \sum_{i=0}^{n} z_i \cdot 10^i$ mit $z_i \in \mathbb{N}_0$, $0 \leq z_i \leq 9$ für alle i.

Es gilt $\quad 10 \equiv 0 \bmod 2,$ $\qquad\qquad\qquad\qquad$ /10=5·2+0 $\wedge$ 0=0·2+0

$\Rightarrow \quad 10^n \equiv 0 \bmod 2 \quad$ (für alle $n \in \mathbb{N}$) $\qquad\qquad$ /Satz 5

$\Rightarrow \quad m \cdot 10^n \equiv m \cdot 0 \bmod 2 \quad$ (für alle $n \in \mathbb{N}, m \in \mathbb{Z}$) $\qquad$ /Satz 4.2

Folglich gilt:

$z_0 \equiv z_0 \bmod 2$
$\wedge \quad z_1 \cdot 10^1 \equiv 0 \bmod 2$
$\wedge \quad z_2 \cdot 10^2 \equiv 0 \bmod 2$
...
$\wedge \quad z_n \cdot 10^n \equiv 0 \bmod 2$
$\Rightarrow z_0 + z_1 \cdot 10^1 + z_2 \cdot 10^2 + ... + z_n \cdot 10^n \equiv z_0 + 0 + ... + 0 \bmod 2$
$\Rightarrow a \equiv z_0 \bmod 2$.

Entsprechend unserer obigen Überlegungen kann man sich leicht klarmachen, dass das Reduzieren einer natürlichen Zahl um alle Hunderter, Tausender, Zehntausender usw., also um Vielfache von 100, an den Hunderterresten und damit an den Resten bei Division durch 4, 20, 25 und 50 nichts verändert.

Wir können also als Satz 13 noch weitere Teilbarkeitsregeln formulieren, die die beiden letzten Stellen einer natürlichen Zahl betreffen. Die einfachen Beweise seien Ihnen zur Übung überlassen.

Satz 14: Zweite Endstellenregel

Jede natürliche Zahl a hat denselben Vierer-, Zwanziger-, Fünfundzwanziger-, Fünfziger- und Hunderterrest wie die Zahl aus ihren beiden letzten Ziffern in der Dezimaldarstellung, also

$a \equiv z_1 \cdot 10^1 + z_0 \bmod \quad 4$,
$a \equiv z_1 \cdot 10^1 + z_0 \bmod \quad 20$,
$a \equiv z_1 \cdot 10^1 + z_0 \bmod \quad 25$,
$a \equiv z_1 \cdot 10^1 + z_0 \bmod \quad 50$,
$a \equiv z_1 \cdot 10^1 + z_0 \bmod \quad 100$.

Im gleichen Stil könnte man auch noch Teilbarkeitsregeln z.B. für 8 aufstellen, die dann die drei letzten Stellen im Zahlwort in den Blick nehmen (Subtraktion von Vielfachen von 1000, die alle durch 8 teilbar sind, weil 1000 durch 8 teilbar ist). Da solche Regeln aber von immer geringer praktischer Relevanz sind, verzichten wir darauf.

5.6 Anwendungen der Kongruenz- und Restklassenrechnung

Rechenproben

Wenn eine Rechnung wie a · b = c richtig durchgeführt worden ist, dann gilt a · b ≡ c mod m für jedes Modul m. Stellt man fest, dass a · b ≢ c mod m für irgendein Modul m, so liegt mit Sicherheit ein Rechenfehler vor. Man hat also die Möglichkeit, die Richtigkeit von Rechnungen zu überprüfen, indem man Aufgabe und Ergebnis daraufhin untersucht, ob sie bei Division durch ein m denselben Rest lassen.

Wir wollen prüfen, ob die Multiplikationsaufgabe 234 · 567 = 132778 richtig gelöst wurde.

Da 234 ≡ 4 mod 10 und 567 ≡ 7 mod 10
gilt 234 · 567 ≡ 28 mod 10 ≡ 8 mod 10,

ebenso wie das zu überprüfende Ergebnis. Wenn man zwei Zahlen in der Dezimaldarstellung miteinander multipliziert, von denen eine auf 4 und die andere auf 7 endet, dann muss das Ergebnis auf 8 enden. Wir wissen aber, dass sich in die Rechnung trotzdem noch Fehler eingeschlichen haben können, die wir auf diese Weise nicht entdecken. Wir machen noch eine weitere Rechenprobe, diesmal mit dem Modul 3, und wenden dabei die Teilbarkeitsregel für 3 an (Satz 12):

234 ≡ Q(234) mod 3 ≡ 9 mod 3 ≡ 0 mod 3 und
567 ≡ Q(567) mod 3 ≡ 18 mod 3 ≡ 0 mod 3.

Da beide Faktoren durch 3 teilbar sind, muss auch ihr Produkt durch 3 teilbar sein.
Es gilt aber Q(132778) = 28 ≡ 1 mod 3. Unsere Aufgabe ist also nicht richtig gelöst. Richtig wäre 234 · 567 = 132678.

Das Ergebnis war also um 100 zu groß. Da 100 ein Vielfaches des ersten Moduls 10 ist, ist bei der ersten Probe der Fehler unentdeckt geblieben. Allgemein werden alle Fehler, bei denen das Ergebnis um ein Vielfaches des zur Probe herangezogenen Moduls vom richtigen Ergebnis abweicht, auf diese Weise nicht entdeckt. Man wird daher zur Probe ein möglichst großes Modul wählen. Andererseits erschwert ein zu großes Modul die Überprüfung der Richtigkeit einer Kongruenz. Module wie 10 oder 100 bilden da zwar eine Ausnahme, sie „übersehen" aber die häufig auftretenden Übertragsfehler bei den schriftlichen Rechenverfahren und sind deshalb wenig geeignet. Sehr brauchbar sind dagegen die Module 9 und 11, da wir für die Berechnungen die Quersummen bzw. die alternierenden Quersummen heranziehen können.

Wir formulieren die *Neunerprobe*[9] und die *Elferprobe* für die Addition, Subtraktion und Multiplikation. Für die Überprüfung einer Divisionsaufgabe wendet man diese Probe auf die zugehörige Multiplikationsaufgabe an.

Satz 15: Neunerprobe, Elferprobe

Für alle $a, b \in \mathbb{N}$ gilt:

$Q(a + b) \equiv Q(a) + Q(b) \mod 9$
$Q(a - b) \equiv Q(a) - Q(b) \mod 9$
$Q(a \cdot b) \equiv Q(a) \cdot Q(b) \mod 9$
$Q'(a + b) \equiv Q'(a) + Q'(b) \mod 11$
$Q'(a - b) \equiv Q'(a) - Q'(b) \mod 11$
$Q'(a \cdot b) \equiv Q'(a) \cdot Q'(b) \mod 11$

Beweis: (Neunerprobe für die Addition)

Nach Satz 12 gilt:

$\quad\quad a \equiv Q(a) \mod 9 \wedge b \equiv Q(b) \mod 9$ /Satz 12
$\Rightarrow\ a + b \equiv Q(a) + Q(b) \mod 9$ /Satz 4.1
$\quad \wedge\ a + b \equiv Q(a + b) \mod 9$ /Satz 12
$\Rightarrow\ Q(a + b) \equiv a + b \mod 9$ /Symm. von „$\equiv$", KG „$\wedge$"
$\quad \wedge\ a + b \equiv Q(a) + Q(b) \mod 9$
$\Rightarrow\ Q(a + b) \equiv Q(a) + Q(b) \mod 9$ /Trans. von „$\equiv$"

Völlig analog zeigt man die Richtigkeit der obigen Aussagen für die Subtraktion und Multiplikation sowie für das Modul 11.

Üblicherweise werden die Zwischenergebnisse für die Rechenproben in die folgenden Schemata eingetragen. Für die Elferprobe denken Sie sich Q durch Q' ersetzt.

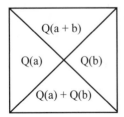 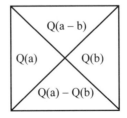 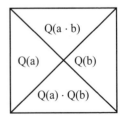

---

[9] Die Neunerprobe war schon Adam Ries bekannt.

5.6 Anwendungen der Kongruenz- und Restklassenrechnung

Ein Rechenergebnis ist mit Sicherheit falsch, wenn die in den beiden Dreiecken übereinander stehenden Zahlen nicht zueinander kongruent modulo 9 bzw. modulo 11 sind, im anderen Fall sind sie wahrscheinlich, aber nicht sicher richtig.

Beispiele:
1. Ist die Aufgabe 2134 + 5995 = 9229 richtig gelöst?
Wir führen die Elferprobe durch:

Die Aufgabe ist möglicherweise richtig gelöst.

Wir führen zur Sicherheit auch noch die Neunerprobe durch:

Es gilt 22 ≢ 38 mod 9, also ist die Aufgabe mit Sicherheit falsch gelöst.

2. Ist die Aufgabe 46391 − 25216 = 21175 richtig gelöst?
Weder die Neunerprobe noch die Elferprobe deuten auf einen Fehler hin:

Neunerprobe   Elferprobe

3. Wir überprüfen die Richtigkeit der Rechnung 52298 : 426 = 123, indem wir die entsprechende Multiplikationsaufgabe 426 · 123 = 52298 prüfen. Die Neunerprobe zeigt uns, dass die Divisionsaufgabe mit Sicherheit falsch gelöst wurde, denn es gilt 26 ≢ 72 mod 9.

Übung:

1) Zeigen Sie: $6 \mid n^3 - n$ für alle $n \in \mathbb{N}$.

2) Bestimmen Sie den 9er-Rest und den 13er-Rest von 2^{1000}.

3) Lösen Sie die folgende diophantische Gleichung nach der Restklassenmethode: $7x + 4y = 20$

4) Überprüfen Sie mit Hilfe der Neuner- oder Elferprobe die folgenden Aufgaben:
   a) $23456 \cdot 325 = 7613200$ b) $1225830 : 418 = 2935$

Teil eines Holzschnittes auf dem Rechenbuch „Rechenung nach der lenge / auff den Linihen vnd Feder" von Adam Ries 1550

6 Kryptologie

Haben Sie sich schon mal Gedanken darüber gemacht, wie eigentlich Online Banking funktioniert unterhalb der, also unterhalb der Oberflächen des praktischen Umgangs, den wir ja inzwischen alle perfekt „beherrschen"? Haben Sie sich schon einmal gefragt, wie sicher es ist, dass nicht Unbefugte auf Ihrem Konto Bewegungen veranlassen – in unerwünschte Richtungen?

Fragen Sie sich gelegentlich, wer gerade Ihr Handygespräch mit der Freundin „belauschen" kann? Wir denken da nicht an die unfreiwilligen Zuhörer neben Ihnen im Bus. Wir wurden kürzlich auf dem Rückweg von einer Tagung im ICE ungewollt Zeuge der Aktienan- und -verkäufe eines schwäbischen Zahnarztes, der mit seinem Banker in Stuttgart (wir könnten Ihnen Namen des Bankers, der Bank, des Zahnarztes sowie der diskutierten Aktiengesellschaften und ihre Bewertung hier mitteilen) seine Anlagegeschäfte laut und für jedermann im Umkreis von 10 Metern hörbar diskutierte. Was ist aber mit Menschen, die sensible Daten nicht so unbedarft und freiwillig vor der Welt ausbreiten wollen?

Haben Sie, vielleicht als Kind, mit Geheimschriften oder Verschlüsselungen experimentiert? Statt A schrieben Sie ein D, statt B ein E, statt C ein F usw. ohodeher wahas ahandeherehes? Wie schnell sind andere hinter Ihre Geheimschrift oder -sprache gekommen?

Ziel dieses Kapitels ist nicht, Sie in die Wissenschaft der technischen Verfahren der Informationssicherheit einzuführen, auch wenn dies die Bedeutung des Begriffs „Kryptologie"[1] ist. Auch wenn wir den Zweig der Kryptoanalyse, deren Aufgabe das Aufspüren der Stärken und Schwächen eines Verschlüsselungsverfahrens ist, weitgehend ausblenden, ist das Feld der Kryptographie, also der Entwicklung und Anwendung von Verfahren, immer noch ein so weites, dass es ganze Bücher füllt, nicht nur ein Kapitel innerhalb eines Lehrbuchs zur Arithmetik. Wir empfehlen hier die Lektüre des populärwissenschaftlichen Buches „Kryptologie" von Alfred Beutelspacher (9. Auflage 2009). Als ergänzende Lektüre eignen sich auch Bücher, die die Entschlüs-

---

[1] Das griechische Wort kryptos bedeutet geheim, verborgen, versteckt.

selung der deutschen ENIGMA[2] durch Polen und Briten während des Zweiten Weltkriegs zum Thema haben.

Unser Ziel ist sehr viel bescheidener. Einerseits wollen wir Ihnen exemplarisch ein heute übliches Verfahren zur Ver- und Entschlüsselung vorstellen, das Kryptosystem RSA. Andererseits wollen wir Ihnen aber auch oder sogar primär eine alltagsrelevante Anwendung der Kongruenzrechnung (vgl. Kapitel 5) aufzeigen. Und schließlich können wir an diesem Beispiel zeigen, dass die Suche nach großen Primzahlen (vgl. Kapitel 3) nicht nur die Freizeitbeschäftigung sonst unausgelasteter „Freaks" darstellt, sondern auch praktischen Nutzen nach sich zieht.

6.1 Grundlegende Begriffe und erste einfache Beispiele

Schon seit der Antike haben sich Menschen Geheimbotschaften geschickt. Von Julius Caesar z. B. ist bekannt, dass er Nachrichten verschlüsselte, indem er alle Buchstaben des Alphabets um einen festen Platz versetzte, etwa den 1. Buchstaben des Alphabets (a) durch den 7. Buchstaben (G), den 2. Buchstaben durch den 8., den 3. durch den 9, den sechstletzten Buchstaben, das u, dann durch den 1. Buchstaben, das A, usw. Der Satz „dieses kapitel ist lesenswert", der sog. *Klartext*, wird dann verschlüsselt (*chiffriert*) zum *Geheimtext* „IOKYKY QGVOZKR OYZ RKYKTYCKXZ". Der Empfänger des Geheimtextes muss zum Entschlüsseln (*Dechiffrieren*) zum einen die grundsätzliche Art der Verschlüsselung, den *Chiffrieralgorithmus*, kennen sowie den *Chiffrierschlüssel*.

In unserem Beispiel oben bedeutet ...

Chiffrielagortihmus: Alle Buchstaben des Alphabetes wandern um n Stellen ($n \in \mathbb{N}$) weiter bzw. reine Verschiebechiffrierung

Chiffrierschlüssel: $n = 6$

---

[2] „Enigma" kommt aus dem Griechischen, bedeutet dort so viel wie Rätsel. Die ENIGMA stellte die Alliierten im Zweiten Weltkrieg lange Zeit lange Zeit vor ein Rätsel. ENIGMA war eine vom deutschen Ingenieur A. Scherbius entwickelte und patentierte Schlüsselmaschine, die u.a. von Gestapo, Polizei und Militär für geheime Kommunikationszwecke verwendet wurde.

6.1 Grundlegende Begriffe und erste einfache Beispiele

Diese Art der Verschlüsselung ist leicht auch mit jungen Schulkindern zu behandeln, vor allem, wenn man mit ihnen unter Zuhilfenahme einer Musterklammer eine Chiffriermaschine aus zwei zueinander drehbaren Pappscheiben bastelt, auf denen die Buchstaben in ihrer natürlichen Reihenfolge stehen. Die Abbildung unten zeigt eine solche Chiffriermaschine. Chiffrieren und Dechiffrieren bedeutet dann nichts anderes als Lesen von einem Ring zum anderen. Die verschiedenen Schlüssel können durch das Drehen der Scheibe realisiert werden. In der Abbildung wurde der Schlüssel 3 eingestellt.

Am Beispiel dieser Verschlüsselung lässt sich gut verdeutlichen, wie wenig sicher das System ist. Kennt man den Chiffrieralgorithmus, weiß also, dass es sich um eine Verschiebechiffrierung handelt, so lässt sich der Schlüssel leicht herausfinden. Im schlimmsten Fall müsste man die 25 Möglichkeiten ausprobieren (die Verschiebungen um 0 oder 26 brauchen natürlich nicht untersucht zu werden). Wenn man dies für das dritte Wort des Geheimtextes OYZ mal

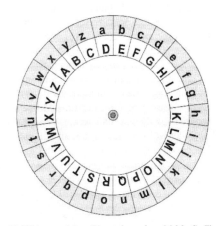

Chiffriermachine (Beutelspacher 2009, S. 7)

ausprobiert, so erhält man der Reihe nach für die Schlüssel beginnend mit 1 die Klartextworte nxy, mwx, lvw, kuv, jtu, ist, hrs, gqr, ... Sie könnten beim Auftauchen des Wortes IST, dem bis dahin einzigen Wort der deutschen Sprache, schon den Schlüssel 6 vermuten und damit den Rest des Textes entschlüsseln. Überlegen Sie selbst, ob Sie die mit einer Verschiebeverschlüsselung chiffrierte PIN für ihren Kontozugang mit sich herumtragen und (logisches „und"!) ruhig schlafen können.

Sie könnten den Geheimtext aber auch auf die Häufigkeit der auftretenden Buchstaben untersuchen und feststellen, dass das K am häufigsten auftritt. In der deutschen Sprache ist das e mit 17,4% am Gesamtaufkommen der mit Abstand am häufigsten vertretene Buchstabe. Vielleicht entspricht das K im Geheimtext dem e im Klartext. Wenn das nicht sofort zum Ziel führt, was es in unserem Beispiel aber tut, würden Sie vielleicht als Nächstes die Hypothese Y = e (Schlüssel 20) untersuchen, denn im Geheimtext kommt das Y am zweithäufigsten vor. Ebenfalls sehr häufig treten im Deutschen die Buchstaben n, i, s und r auf. Auch bestimmte Buchstabenkombinationen sind häufig, z. B. en und er. Der Buchstabe c ist eher selten, und meist paart er sich mit h, k oder schiebt sich zwischen s und h. Wer gerne mal Zahlenkreuzworträtsel löst, kennt solche Überlegungen.

Man kann die Chiffrierung nach Caesar deutlich komplexer gestalten und damit die Entschlüsselung erschweren. Wir sind ja nicht gezwungen, auf einem der Ringe in der Abbildung oben die Buchstaben in ihrer üblichen Reihenfolge zu notieren. Wir können willkürlich irgendwelche Buchstaben den Klartextbuchstaben zuordnen, Hauptsache, wir wählen nicht zweimal denselben Buchstaben für verschiedene Buchstaben des Klartextes, sonst ist die Dechiffrierung nicht mehr eindeutig möglich. Auf jeden Fall sollte dann der Empfänger den Schlüssel, also die Buchstabenzuordnung kennen, sonst hat er ebenso lange mit der Entschlüsselung zu tun wie ein Hacker, der die Nachricht vielleicht auch kennt. Eine Analyse hinsichtlich der Buchstabenhäufigkeiten lohnt sich in diesem Fall erst recht, denn bei einer willkürlichen Zuordnung von Buchstaben schwillt die Zahl der durchzuprobierenden Möglichkeiten auf $26 \cdot 25 \cdot 24 \cdot \ldots \cdot 2 \cdot 1 = 26!$ Möglichkeiten an, was eine Zahl mit 27 Stellen ergibt.

Übung:
1) Basteln Sie eine Chiffriermaschine wie in der Abbildung auf S. 123 und verschlüsseln Sie damit einen Brief an eine/n Kommilitonin/en. Tauschen Sie die Briefe aus und dechiffrieren Sie Ihre Post.

2) Dechiffrieren Sie den folgenden Text:
WQV KSWGG BWQVH KOG GCZZ SG PSRSIHSB
ROGG WQV GC HFOIFWU PWB.

3) Eine Variante der Verschiebechiffrierung basiert auf Schlüsselwörtern. Denken Sie sich ein Wort mit lauter verschiedenen Buchstaben aus, oder streichen Sie in einem Wort die Buchstaben, sobald diese sich zum ersten Mal wiederholen. Aus LEITFADEN würde dann LEITFADN. Schreiben Sie dieses Schlüsselwort unter die Buchstaben des Klartext-

alphabets, beginnend bei einer Stelle Ihrer Wahl, z. B. das L von LEITFADN unter das e. Füllen Sie dann hinter dem Schlüsselwort mit den übrigen Buchstaben des Alphabets in ihrer üblichen Reihenfolge auf. B käme dann unter das m, C unter das n usw. Das geht übrigens auch sehr schön mit der Chiffriermaschine aus Übung 1, wenn Sie die kleinere Scheibe austauschen. Welche Schlüsselinformationen müssten Sie dem Empfänger mitteilen?

4) Verschlüsseln und entschlüsseln Sie in Partnerarbeit Botschaften nach dem in Aufgabe 3 erklärten Verfahren.

6.2 Symmetrische und asymmetrische Verfahren

In den einführenden Beispielen müssen Sender und Empfänger einer Geheimbotschaft denselben Schlüssel besitzen und anwenden. Ein solches Verfahren nennt man deshalb *symmetrisch*. Das ist unsicher und unpraktisch. Der Schlüssel muss auf einem sicheren Weg ausgetauscht werden, etwa durch einen Kurier, der dann den Schlüssel aber auch vielleicht kennt bzw. ihn sich beschaffen kann, oder Sender und Empfänger müssen im Vorfeld bei einem persönlichen Treffen einen Schlüssel vereinbaren und dabei aufpassen, dass nirgendwo im Raum „Wanzen" oder Kameras versteckt sind.

Man kann sich darüber hinaus leicht vorstellen, wie unübersichtlich das wird, wenn viele Kommunikationspartner beteiligt sind, die sich Nachrichten zukommen lassen wollen. Bei n Partnern braucht man n(n − 1):2 Schlüssel, die Zahl der Schlüssel wächst also quadratisch.

Viel praktischer ist es, wenn Sender und Empfänger je ein Schlüsselpaar besitzen, das aus einem öffentlichen Teil (*public key*) und einem geheimen Teil (*private key*) besteht. Der Verschlüsselungsalgorithmus sowie der öffentliche Schlüssel sind jedermann bekannt. Entschlüsseln kann aber nur derjenige, der den privaten Schlüssel besitzt. Aus der Kenntnis des öffentlichen Schlüssels darf der private Schlüssel dann natürlich nicht rekonstruierbar sein. Ein solches Verfahren nennt man *asymmetrisch*. In diesem Fall benötigt man nur 2n Schlüssel für n Kommunikationspartner.

Dieses zunächst unvorstellbare Prinzip wird gerne mit einem System von Briefkästen verglichen. Die potenziellen Empfänger einer Nachricht besitzen jeweils einen Briefkasten, zu dem nur sie einen vor fremdem Zugriff geschützten Briefkastenschlüssel besitzen. Der Sender verschlüsselt seine Nachricht mit dem öffentlichen Schlüssel des Empfängers, d.h., er wirft seinen Brief in den Kasten des Empfängers. Nur dieser kann mit seinem privaten Schlüssel den Kasten öffnen und so in den Besitz der Nachricht gelangen.

Der Clou eines asymmetrischen Verfahrens, das wir Ihnen gleich vorstellen werden, ist die Tatsache, dass man zwei Zahlen leicht multiplizieren kann, aber nur schwer den umgekehrten Weg der Faktorisierung findet, wenn die Zahlen genügend groß sind. Da bieten sich große Primzahlen an.

Nehmen wir z.B. die beiden größten in der Primzahltabelle im Anhang zu findenden Primzahlen, also 2 971 und 2 999. Ihr Produkt zu bestimmen ist keine Kunst, es lautet 8 910 029. Jetzt stellen Sie sich vor, wir hätten Ihnen am Ende von Kapitel 2.2 die Übungsaufgabe gestellt, die Primfaktorzerlegung von 8 910 029 zu bestimmen. Sie hätten alle Primzahlen bis 2 971 als Teiler durchprobieren müssen.

Gut, es gibt im Internet Programme, die das für Sie erledigen, in Sekundenschnelle. Aber wir haben ja auch nur kleine Primzahlen mit vier Stellen verwendet. Wir hätten aber auch zwei je hundertstellige Primzahlen nehmen können. Es gibt inzwischen effiziente Programme, die auch solche großen Zahlen auf die Eigenschaft prim untersuchen können. Die Multiplikation der beiden Zahlen stellt auch kein Problem dar. Aber an der Zerlegung des Produktes in die beiden Primzahlen rechnen sich auch die heutigen Computer noch zu Tode.

Bevor Sie weiterlesen, überlegen Sie bitte: Warum bedienen wir uns bei dem oben beschriebenen asymmetrischen Verfahren denn ausgerechnet des Produktes zweier Primzahlen und nicht des Produktes zweier (zusammengesetzter) Zahlen? Die Antwort „Weil wir dabei schneller eine Faktorisierung angeben könnten." zählt nicht.

Bevor wir den auf dieser Idee basierenden RSA-Algorithmus vorstellen, verschaffen wir uns weitere mathematische Grundlagen, die zum Verständnis des Algorithmus nötig sind.

6.3 Mathematische Grundlagen des RSA-Algorithmus

Wir stellen Ihnen zunächst eine zahlentheoretische Funktion, die Eulersche φ-Funktion, vor und werden danach Eigenschaften dieser Funktion herleiten.

Definition 1: Eulersche φ-Funktion

Für jede natürliche Zahl m bezeichnet $\varphi(m)$ die Anzahl der zu m teilerfremden natürlichen Zahlen, die kleiner oder gleich m sind:

$$\varphi(m) = |\{n \in \mathbb{N} \mid n \leq m \text{ und } \text{ggT}(n,m) = 1\}|$$

Beispiele: $\varphi(1) = 1$, $\varphi(2) = 1$, $\varphi(3) = 2$, $\varphi(4) = 2$, $\varphi(5) = 4$, $\varphi(6) = 2$
$\varphi(7) = 6$, denn 1, 2, 3, 4, 5 und 6 sind zu 7 teilerfremd,
$\varphi(8) = 4$, denn 1, 3, 5 und 7 sind zu 8 teilerfremd.

Satz 1: Für alle $p \in \mathbb{P}$ gilt $\varphi(p) = p - 1$.

Beweis: Da p eine Primzahl ist, sind alle Zahlen von 1 bis p − 1 zu p teilerfremd, und das sind gerade p − 1 Zahlen.

Satz 2: Es seien p, q $\in \mathbb{P}$ und p $\neq$ q.

Dann gilt: $\varphi(pq) = (p-1)(q-1) = \varphi(p) \cdot \varphi(q)$.

Beweis:

Es gibt pq − 1 natürliche Zahlen, die kleiner als pq sind. Unter diesen suchen wir die Zahlen, die gemeinsame Teiler mit pq haben, und ziehen diese von pq − 1 ab.

Da p und q Primzahlen sind und damit keine Teiler außer 1 und p bzw. q haben, sind nur {q, 2q, 3q, ..., (p − 1)q} sowie {p, 2p, 3p, ..., (q − 1)p} die Mengen von zu pq nicht teilerfremden Zahlen. Die erste Menge besitzt p − 1 Elemente, die zweite Menge umfasst q − 1 Elemente. Also gilt:

$$\begin{aligned}
\varphi(pq) &= pq - 1 - (p-1) - (q-1) \\
&= pq - 1 - p + 1 - q + 1 \\
&= pq - p - q + 1 \\
&= (p-1)(q-1) \\
&= \varphi(p) \cdot \varphi(q)
\end{aligned}$$

Satz 3: Satz von Euler

Es seien a und m zwei teilerfremde natürliche Zahlen.
Dann gilt: $a^{\varphi(m)} \equiv 1 \bmod m$.

Beweis:

Da $\varphi(m)$ die Anzahl der Zahlen angibt, die $\leq m$ sind und zu m teilerfremd, können wir diese $\varphi(m)$ verschiedenen Zahlen wie folgt angeben:
$n_1, n_2, n_3, \ldots, n_{\varphi(m)}$.

Wir können diese $\varphi(m)$ Zahlen als Repräsentanten derjenigen Restklassen ansehen, die die zum Modul m teilerfremden Zahlen enthalten. Man nennt diese auch prime Restklassen.

Da a und m nach Voraussetzung teilerfremd sind, ebenso die Zahlen $n_1, n_2, n_3, \ldots, n_{\varphi(m)}$, sind auch die Zahlen $an_1, an_2, an_3, \ldots, an_{\varphi(m)}$ zu m teilerfremd.

Zudem sind je zwei von diesen Zahlen zueinander nie kongruent modulo m. Wäre dies der Fall, also $an_i \equiv an_j \bmod m$ mit $1 \leq i, j \leq \varphi(m)$, so könnte man diese Kongruenzgleichung durch a dividieren (Kapitel 5, Satz 6a), denn ggT(a,m) = 1, und würde $n_i \equiv n_j \bmod m$ erhalten. Dies würde $n_i = n_j$ bedeuten, da $n_i, n_j < m$. Das wäre ein Widerspruch dazu, dass n_i und n_j verschiedene zu m teilerfremde Zahlen sind.

Nun haben wir $\varphi(m)$ prime Restklassen und $\varphi(m)$ zueinander nicht kongruente Zahlen $an_1, an_2, an_3, \ldots, an_{\varphi(m)}$, die zu m teilerfremd sind.

Jede dieser Zahlen muss also in eine der durch $n_1, n_2, n_3, \ldots, n_{\varphi(m)}$ repräsentierten Restklassen fallen (Kapitel 5, Satz 8).

Also ist je eine der Zahlen $n_1, n_2, n_3, \ldots, n_{\varphi(m)}$ zu einer der Zahlen $an_1, an_2, an_3, \ldots, an_{\varphi(m)}$ kongruent modulo m.

Wir können diese Kongruenzen multiplizieren (mehrfache Anwendung von Satz 4, Teil 2 aus Kapitel 5) und erhalten:

$an_1 \cdot an_2 \cdot an_3 \cdot \ldots \cdot an_{\varphi(m)} \equiv n_1 \cdot n_2 \cdot n_3 \cdot \ldots \cdot n_{\varphi(m)} \bmod m$.

Da alle n_i zu m teilerfremd sind und damit auch das Produkt aller n_i, können wir die obige Gleichung durch $n_1 \cdot n_2 \cdot n_3 \cdot \ldots \cdot n_{\varphi(m)}$ dividieren (wieder Kapitel 5, Satz 6a) und erhalten

$\underbrace{a \cdot a \cdot \ldots \cdot a}_{\varphi(m)\text{-mal}} \equiv 1 \bmod m$, also $a^{\varphi(m)} \equiv 1 \bmod m$.

6.3 Mathematische Grundlagen des RSA-Algorithmus

Machen Sie sich die Aussage dieses Satzes sowie die Beweisschritte an einem Beispiel deutlich. Wir schlagen dafür folgende Werte vor:

m = 5 und a = 7

Sie werden sehen, dass $an_1 \equiv n_2$ mod 5, $an_2 \equiv n_4$ mod 5, $an_3 \equiv n_1$ mod 5 und $an_4 \equiv n_3$ mod ist.

Aus dem Satz von Euler lässt sich der folgende Satz schließen:

Satz 4: Kleiner Satz von Fermat

Es sei $p \in \mathbb{P}$, $a \in \mathbb{N}$ und es gelte $p \nmid a$.
Dann gilt: $a^{p-1} \equiv 1$ mod p und damit auch $a^p \equiv a$ mod p.

Beweis:

Nach Voraussetzung $p \nmid a$ sind p und a teilerfremd.

Also gilt nach dem Satz von Euler $a^{\varphi(m)} \equiv 1$ mod m.

Da für eine Primzahl p stets $\varphi(p) = p - 1$ gilt (Satz 1), folgt die Behauptung $a^{p-1} \equiv 1$ mod p, und nach Multiplikation mit a (Kapitel 5, Satz 4a, Teil 2) auch $a^p \equiv a$ mod p.

Die Aussage $a^p \equiv a$ mod p aus Satz 4 ist sogar im Fall p|a richtig. Machen Sie sich das zur Übung selbst klar.

Übung:
1) Bestimmen Sie $\varphi(m)$ für m = 9, ..., 20.

2) Vollziehen Sie den Beweis zu Satz 2 am Beispiel der Primzahlen p = 7 und q = 11 nach.

3) Beweisen Sie: Für alle $a \in \mathbb{N}$ und $p \in \mathbb{P}$ gilt: $a^p \equiv a$ mod p.

4) Zeigen Sie mit dem kleinen Satz von Fermat, dass der 7er-Rest von 3^{5555} gleich 5 ist.

6.4 Der RSA-Algorithmus

Um Ihnen die Arbeitsweise des RSA[3]-Algorithmus zu verdeutlichen, Sie also in die Lage zu versetzen, die entsprechenden Ver- und Entschlüsselungsprozeduren selbst mit Hilfe Ihres Taschenrechners nachzuvollziehen, werden wir uns in diesem Abschnitt mit kleinen Primzahlen bescheiden. Für die beiden eigentlich sehr groß zu wählenden Primzahlen nehmen wir hier p = 2 sowie q = 7.

Wir werden im folgenden Beispiel Zahlen verschlüsseln. Man kann ebenso Buchstaben verschlüsseln. In diesem Fall verwendet der Computer ein Zeichensatzsystem wie z.B. ASCII[4], das jedem Buchstaben eine Zahl zuordnet.

Zunächst bilden wir das Produkt m unserer Primzahlen p und q, im Beispiel pq = 14. Dieses Produkt ist unser *RSA-Modul* m.

Anschließend berechnen wir $\varphi(m) = \varphi(pq) = (p-1)(q-1)$. Im Beispiel ist $\varphi(14) = 6$.

Sodann wählen wir eine Zahl e, die zu $\varphi(m)$ teilerfremd ist. Üblicherweise nimmt man für e ebenfalls eine Primzahl, die größer als p und q ist. Wir wählen in unserem Beispiel e = 11. Die Zahl e nennt man den *Verschlüsselungsexponenten* (e wie Enkodierung).

Nun bestimmen wir eine zweite Zahl d, den *Entschlüsselungsexponenten* (d wie Dekodierung). Dabei ist d das multiplikativ Inverse zu e bezüglich des Moduls $\varphi(m)$, also diejenige Zahl, für die ed ≡ 1 mod $\varphi(m)$ gilt.

In unserem Beispiel kann man d auch durch Probieren gewinnen: d = 5, denn 11·5 = 55 = 9·6 + 1, also 11·5 ≡ 1 mod $\varphi(6)$.

Man kann d aber auch mit Hilfe des rückwärts durchlaufenen euklidischen Algorithmus bestimmen. Für d soll ja ed ≡ 1 mod $\varphi(m)$ gelten. Also:

---

[3] Die Bezeichnung RSA ist entstanden aus den Anfangsbuchstaben der Familiennamen der drei Mathematiker Roland L. Rivest, Adi Shamir und Leonard Adleman, die den Algorithmus 1977 erfunden haben.

[4] ASCII steht für American Standard Code for Information Interchange, eine 7-Bit-Zeichencodierung. Die binäre Zahl 1000001 steht z.B. für den Buchstaben A, 1000010 für B, 1000011 für C.

6.4 Der RSA-Algorithmus

$ed \equiv 1 \mod \varphi(m)$
$\Leftrightarrow \varphi(m) \mid ed - 1$ / Kap. 5, Satz 1
$\Leftrightarrow \exists\, q \in \mathbb{Z}$ mit $ed - 1 = q\varphi(m)$ / Kap. 1, Def. 1
$\Leftrightarrow ed + \varphi(m)(-q) = 1$

Da e hier so gewählt wurde, dass $\gcd(e,\varphi(m)) = 1$ gilt, finden wir nach Satz 12 aus Kapitel 4 für diese Linearkombination ein ganzzahliges Lösungspaar $(d,-q)$. Dazu führt man den euklidischen Algorithmus für e und $\varphi(m)$ durch und durchläuft ihn anschließend von unten nach oben (vgl. Kapitel 4.6). Wir führen dies für unsere Zahlen $e = 11$ und $\varphi(14) = 6$ durch:

$11 = 1 \cdot 6 + 5$ $\quad \longrightarrow \quad 1 = 6 - 1 \cdot 5 = 6 - 1 \cdot (11 - 1 \cdot 6) = 11 \cdot (-1) + 2 \cdot 6$
$6 = 1 \cdot 5 + 1$

Die Lösung $d = -1$ erfüllt in diesem Fall nicht ganz unsere Erwartungen, denn der Entschlüsselungsexponent d soll eine positive ganze Zahl sein. Allerdings können wir sofort durch Addition des Moduls $\varphi(14) = 6$ einen Wert für d erhalten, für den ebenfalls $ed \equiv 1 \mod \varphi(m)$ gilt. d ist dann 5.

Fassen wir den Stand zusammen:
Der öffentliche Schlüssel (e,m) besteht aus den Zahlen 11 und 14.
Der private Schlüssel (d,m) besteht aus den Zahlen 5 und 14.
Die Zahlen p, q, $\varphi(m)$ sowie das q, das sich aus dem euklidischen Algorithmus ergeben hat, können vernichtet werden. Für den weiteren Vorgang werden sie nicht mehr benötigt.

Nehmen wir einmal an, die persönliche Identifikationsnummer Ihrer Scheckkarte sei 2543. Diese wollen wir nun mit den o.g. Parametern kodieren. Die Ziffern Ihrer PIN sind $a_1 = 2$, $a_2 = 5$, $a_3 = 4$ und $a_4 = 3$. Diese werden jetzt mit der Verschlüsselungszahl $e = 11$ potenziert und anschließend werden die Reste bei Division durch 14 bestimmt. Diese ergeben dann die chiffrierten Werte c_1, c_2, c_3 und c_4.

$a_1^{11} = 2^{11} = 2\,048 \equiv 4 \mod 14$, also $c_1 = 4$
$a_2^{11} = 5^{11} = 48\,828\,125 \equiv 3 \mod 14$, also $c_2 = 3$
$a_3^{11} = 4^{11} = 4\,194\,304 \equiv 2 \mod 14$, also $c_3 = 2$
$a_4^{11} = 3^{11} = 177\,147 \equiv 5 \mod 14$, also $c_4 = 5$

Ihre verschlüsselte PIN lautet nun 4325.

Um diese zu entschlüsseln, benötigen Sie nun die Entschlüsselungszahl d = 5, mit der Sie die chiffrierten Werte c_i potenzieren. Anschließend berechnen Sie wieder die Reste modulo 14.

$c_1^5 = 4^5 = 1\,024 \quad \equiv 2 \bmod 14$, also $a_1 = 2$
$c_2^5 = 3^5 = 243 \quad \equiv 5 \bmod 14$, also $a_2 = 5$
$c_3^5 = 2^5 = 32 \quad \equiv 4 \bmod 14$, also $a_3 = 4$
$c_4^5 = 5^5 = 3\,125 \quad \equiv 3 \bmod 14$, also $a_4 = 3$

Die dechiffrierte Nummer lautet also wieder 2543. It`s magic!

Glauben Sie ernsthaft an Wunder in der Mathematik? Die berechtigte Forderung, dass nach dem Chiffrieren und anschließendem Dechiffrieren wieder die ursprünglichen Werte erscheinen, wird aufgrund logischer Überlegungen erfüllt. Hier kommt nun der Satz von Euler aus Kapitel 6.3 ins Spiel.

Satz 5: Sei a die ursprüngliche Zahl und a' die sich nach Ver- und Entschlüsselung entsprechend des RSA-Algorithmus ergebende Zahl. Dann gilt für jede natürliche Zahl a < m:
a' = a.

Beweis:

a'	$\equiv c^d \bmod m$	/Dekodierung
	$\equiv (a^e)^d \bmod m$	/Kodierung
	$\equiv a^{ed} \bmod m$	/Potenzregeln
	$\equiv a^{1+q\varphi(m)} \bmod m$	/ed $\equiv 1 \bmod \varphi(m)$
	$\equiv a \cdot a^{q\varphi(m)} \bmod m$	/Potenzregeln
	$\equiv a \cdot a^{\varphi(m)} \cdot \ldots \cdot a^{\varphi(m)} \bmod m$	/Potenzregeln
	$\equiv a \cdot 1 \cdot \ldots \cdot 1 \bmod m$	/Satz von Euler: $a^{\varphi(m)} \equiv 1 \bmod m$
	$\equiv a \bmod m$	

Aus a' $\equiv$ a mod m folgt, da a' und a kleiner m sind, dass a' = a gilt.

Satz 5 garantiert uns, dass durch den beschriebenen Algorithmus der entschlüsselte Wert a' gleich dem Wert a des Klartextes ist. Dazu muss a < m sein, was kein Problem darstellt, wenn wir für m das Produkt zweier großer Primzahlen, etwa mit je 100 Stellen, wählen. Mit dem RSA-Modul 14, das wir im obigen Beispiel gewählt haben, können wir natürlich nicht das gesamte Alphabet in Groß- und Kleinschreibung, 10 Ziffern und noch diverse Satz- und Steuerzeichen verschlüsseln.

6.5 Die Sicherheit des RSA-Algorithmus

Susanne will eine Botschaft an Jochen schicken, die niemanden sonst etwas angeht. Jochen hat sich zwei große Primzahlen p und q ausgesucht, pq = m berechnet, ebenso φ(m) und eine zu φ(m) teilerfremde Zahl e bestimmt. Die Zahlen m und e teilt er für jedermann sichtbar auf seiner Homepage mit.

Susanne entnimmt Jochens Homepage diese beiden Zahlen und verschlüsselt damit ihre Botschaft und schickt diese an Jochen. Sie kann sie ruhig für jedermann sichtbar auf Jochens Homepage deponieren, niemand kann mit dieser verschlüsselten Botschaft etwas anfangen.

Inzwischen hat Jochen nach dem oben beschriebenen Verfahren seine Entschlüsselungszahl d berechnet. Diese hebt er in einer Schublade seines heimischen Schreibtisches auf. Die Zahlen p, q und φ(m) löscht er aus Sicherheitsgründen dauerhaft.

Wenn er nun die eingehende Botschaft von Susanne empfängt, kann er diese mit Hilfe von d und m entschlüsseln. Das kann auch nur er, denn d kennt außer ihm niemand.

Mal angenommen, jemand sei am Inhalt der Botschaft interessiert, vielleicht weil die Person vermutet, dass Susanne Jochen einen Vorschlag für die nächste Arithmetikklausur geschickt hat[5]. Diese Person müsste den Entschlüsselungsexponenten d errechnen. Dazu müsste ihr φ(m) bekannt sein. φ(m) wurde aber von Jochen dauerhaft gelöscht. φ(m) könnte man aber leicht rekonstruieren, wenn man die beiden Primzahlen p und q kennt. Die wurden aber auch gelöscht. Es bleibt nur noch der Versuch, aus m die beiden Faktoren p und q zu ermitteln, sprich die Primfaktorzerlegung von m zu bestimmen.

Dieses vermeintlich einfache Problem entpuppt sich bei näherer Betrachtung aber als schier unlösbar. Wenn man stumpf alle Primzahlen bis zur Wurzel aus m ausprobiert, so hätte man bei mind. 100-stelligen Primzahlen p und q, also einem mind. 200-stelligen m, über 10^{97} Primzahlen als Teiler von m zu untersuchen. Die Zahl der Primzahlen zwischen 2 und 10^{100} beträgt nämlich annähernd 10^{97} und übersteigt damit die Zahl der Atome im Universum, die

---

[5] Wir kämen selbstredend niemals auf die Idee, einem unserer Studierenden solch üble Pläne zu unterstellen.

auf etwa 10^{78} geschätzt wird, bei Weitem. Es gehört nicht viel Fantasie dazu sich vorzustellen, dass das keine praktikable Methode ist. Hier zeigt sich, dass die Suche nach großen Primzahlen und nach schlanken Algorithmen zum Primzahltesten nicht nur Sport ist, sondern großen praktischen Nutzen hat.

Die Mathematiker haben sich natürlich klügere Algorithmen für die Faktorisierung von Zahlen einfallen lassen als das stupide gerade genannte Verfahren. Und damit haben sie auch bemerkenswerte Ergebnisse erzielt. So gelang am 12. Dezember 2009 Thorsten Kleinjung u.a. die Faktorisierung der 232-stelligen RSA-Zahl RSA-768[6]. Auch mit der Faktorisierung großer Zahlen ließen sich Preisgelder gewinnen, wie beim Finden größter Primzahlen (vgl. Kap. 3). Allerdings hatte die Firma RSA Security den RSA Factory Challenge da schon eingestellt. Als Begründung heißt es 2007, die ursprüngliche Intention des Wettbewerbs, die Darlegung der Sicherheit von RSA, sei inzwischen ausreichend geklärt.

Sicher ist, dass wir es hier mit einem sehr ungleichen Rennen zu tun haben. Während es leicht ist, auf noch größere Primzahlen zurückzugreifen, um das RSA-Modul m festzulegen, stehen die Gegner beim Versuch, die Zerlegung von m in Primzahlen zu bestimmen, in vergleichbar kurzem Hemd da.

Übung: Wir haben den Buchstaben des Alphabets zweistellige Zahlen zugeordnet (A = 01, B = 02, ..., Z = 26), das RSA-Modul ist 33, der Verschlüsselungsexponent ist 7.

Entschlüsseln Sie unsere Botschaft.

14 20 16 14

---

[6] Ohje, uns fällt gerade auf, dass hier ein neues Fass aufgemacht wird, das zwangsläufige Aktualisierungen der nächsten Auflagen dieses Buchs nach sich ziehen wird.

7 Stellenwertsysteme

Für uns Erwachsene ist der Umgang mit Zahlen, sowohl die Darstellung als auch das Rechnen mit ihnen, so selbstverständlich, dass wir uns nur schwer in die Lage eines Kindes versetzen können, das am Anfang seiner Zahlbegriffsbildung steht. Ein Blick in die Geschichte der Mathematik zeigt uns, welch enorme Denkleistung unser heutiges Zahlensystem verkörpert, wie es sich über Jahrtausende entwickelt hat, und welche unterschiedlichen Wege dabei von verschiedenen Kulturen eingeschlagen wurden. Der Versuch, Zahlen in uns fremden Zahlensystemen darzustellen und mit ihnen zu rechnen, lässt uns erahnen, welche Leistung Kinder vollbringen und welche Probleme dabei auftreten können.

Für eine an den Schwierigkeiten der Schüler orientierte Unterrichtsvorbereitung könnte daher empfohlen werden: Der Lehrer bereite die neu einzuführende Zahldarstellung bzw. Rechentechnik zuhause auch an einer für ihn ungeläufigen Basis vor.

7.1 Zahldarstellungen

Prinzipiell lassen sich zwei Wege unterscheiden, wie man Zahlen darstellen kann. Wir können zum einen für die Einheit ein Symbol erfinden (z.B. eine Kerbe in einem Holz), und dieses Symbol so oft wiederholen, wie die Zahl Einheiten enthält („kardinaler Weg"). Zum anderen können wir uns für jede Zahl ein neues Symbol überlegen, z.B. |, ⊥, ≰, □, ↔, ⇔, ... („ordinaler Weg"). Beides ist nicht der Weisheit letzter Schluss. Unsere Kerbhölzer werden schnell unübersichtlich, und immer neue Symbole zu erfinden und sich diese zu merken ist auch unmöglich. Eine erste Lösung besteht in der Anwendung einer Mischform dieser Wege.

Das ägyptische Zahlensystem

Seit etwa 3000 v. Chr. verwandten die Ägypter Ziffern, die Bestandteile der Hieroglyphenschrift waren, zur Darstellung von Zahlen. Man erkennt die Prinzipien *Reihung* (die den einzelnen Einheiten zugeordneten Ziffern werden ihrer Anzahl entsprechend wiederholt) und *Bündelung* (je 10 Einheiten werden zu einer neuen Einheit zusammengefasst).

Das Zeichen für 100 stellt ein Seil dar, das Zeichen für 1000 eine Lotosblüte, das Zeichen für 10000 ist ein Schilfhalm, das für 100000 eine Kaulquappe und das Zeichen für die Million ist das Zeichen für Gottheit.

1 10 100 1 000 10 000 100 000 1 000 000

Die Darstellung rechts steht dann für 3254.

Abb. aus Schlagbauer u.a. 1991, S.32

Beim Schreiben wurde darauf geachtet, dass nicht mehr als vier Zeichen einer Einheit nebeneinander standen, was wohl mit der Fähigkeit zum simultanen Erfassen von Anzahlen zusammenhängt, und gewöhnlich wurden die Zeichen der Größe nach geordnet. Dies ist aber für die Eindeutigkeit der Zahldarstellung nicht zwingend, denn eine Kaulquappe bedeutet immer 100000, unabhängig von ihrer Stellung im Zahlwort. Das Zahlensystem der Ägypter ist kein Positionssystem.

Das römische Zahlensystem

Allgemein bekannt sind die römischen Zahlen. Sie bestehen aus sieben einfachen Zeichen (Buchstaben). Abwechselnd werden 5 und 2 Einheiten zu einer neuen Einheit zusammengefasst (*alternierende Fünfer- und Zweierbündelung*).

Zahlen ohne eigenes Zahlzeichen werden durch Reihung gebildet. So bedeutet CCCXXIII 323 und MXXII steht für 1022. Dabei tritt die folgende Zusatzregel in Kraft:

I	1	·5
V	5	·2
X	10	·5
L	50	·2
C	100	·5
D	500	·2
M	1 000	

7.1 Zahldarstellungen

Bei ungleichen Ziffern wird die kleinere zur größeren addiert, wenn sie rechts von ihr steht, wenn sie links von ihr steht, subtrahiert. So bedeutet VII = 5 + 2 = 7 und CD = 500 − 100 = 400.

Trotz dieser Zusatzregel handelt es sich beim römischen Zahlensystem um kein Positionssystem.

Ähnlich wie bei den Ägyptern müssen mit dem römischen Zahlensystem größere Zahlen in unübersichtlich langen Zahlzeichenreihen dargestellt werden (versuchen Sie es einmal mit 3888). Und das Rechnen mit römischen Zahlen ist äußerst kompliziert. Deswegen benutzten die Römer zum Rechnen ein Rechenbrett (Abakus), welches das Stellenwertsystem vorwegnimmt:

10^6	10^5	10^4	10^3	10^2	10^1	10^0
$\overline{M}$	$\overline{C}$	$\overline{X}$	M	C	X	I
●● ●		●● ●● ●	●	●● ●● ●● ●●	●● ●	●● ●●

In dem einfachen römischen Abakus von oben ist die Zahl 3051834 dargestellt.

Das babylonische Zahlensystem

Im dritten Jahrtausend v. Chr. haben die Sumerer[1] die Keilschriftziffern entwickelt. Etwa im 18. Jahrhundert v. Chr. führten babylonische Gelehrte für den wissenschaftlichen Gebrauch das folgende Zahlensystem ein, das das älteste bekannte Stellenwertsystem ist:

---

[1] Die Sumerer erschienen gegen Ende des vierten Jahrtausends v. Chr. im Gebiet des heutigen Südiraks. Dabei ist noch immer nicht geklärt, ob sich das Volk im Lande selbst bildete oder von Nordosten her einwanderte. Unter den Sumerern entstand in der Gegend um Basra eine der ersten Hochkulturen der Menschheit.

138   7 Stellenwertsysteme

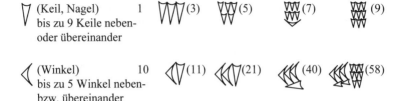

∇ (Keil, Nagel) 1   ▽▽▽(3)   ▽▽▽▽▽(5)   (7)   (9)
  bis zu 9 Keile neben-
  oder übereinander

⟨ (Winkel) 10   ⟨▽(11)   ⟨⟨▽(21)   ⟨⟨⟨(40)   ⟨⟨⟨(58)
  bis zu 5 Winkel neben-
  bzw. übereinander

Bis zur 59 läuft alles noch analog zum ägyptischen Zahlensystem. Aber jetzt kommt der Clou:

Beispiel: 82 = ⟨⟨⟨⟨▽▽   und nicht etwa ⟨⟨⟨⟨▽▽

Als Zahlzeichen für die 60 griffen die Babylonier wieder auf den Keil zurück.

Beispiel: 1452 = ⟨⟨▽▽▽▽⟨▽▽   denn 24·60 + 12 = 1440 + 12 = 1452

Beispiel: 1511 = ⟨⟨▽▽▽▽▽⟨▽   denn 25·60 + 11 = 1500 + 11 = 1511

Wir haben es also bei diesem Zahlensystem mit einer alternierenden Zehner- und Sechserbündelung zu tun. Durch Reihung der beiden Grundzeichen Keil und Winkel werden die Zahlen von 1 bis 59 geschrieben. Ab 60 tritt dann das Positionsprinzip in Kraft: Zur Darstellung größerer Zahlen wird auf dieselben Zahlzeichen zurückgegriffen, der Zahlenwert bestimmt sich durch die Stellung der Zahlzeichen im Zahlwort. Ein Keil kann also sowohl 1 als auch 60 als auch 3600 als auch ... bedeuten. Es liegt also ein *Stellenwertsystem mit der Basiszahl 60* vor.

60^3	60^2	60^1	60^0
▽	⟨⟨⟨⟨⟨▽▽▽▽▽▽▽	⟨⟨⟨⟨▽▽▽▽▽▽	⟨▽▽▽▽▽
$1 \cdot 60^3$	$57 \cdot 60^2$	$36 \cdot 60^1$	$15 \cdot 60^0$
$= 1 \cdot 216000$	$= 57 \cdot 3600$	$= 36 \cdot 60$	$= 15 \cdot 1$

In der Stellentafel des *Sexagesimalsystems (60er-Systems)* oben ist die Zahl 423 375 dargestellt.

7.1 Zahldarstellungen

Die Art der babylonischen Zahldarstellung ist nicht unproblematisch. Das erste Problem betrifft das Rechnen. Addition und Subtraktion lassen sich direkt stellenweise durchführen, so wie wir es in unserem Dezimalsystem auch tun. Natürlich muss man dabei auf Überträge achten und beim Subtrahieren gegebenenfalls vom höheren Stellenwert eine Einheit umwandeln oder passend erweitern. Allerdings stehen an den einzelnen Stellen nicht wie bei uns Zahlen bis höchstens 9, sondern bis 59.

Die benötigten 1+1-Fakten, die man für zügiges Rechnen im Kopf haben sollte, beinhalten bei uns 100 Aufgaben (incl. der Aufgaben mit 0), bei den Babyloniern 3600 Aufgaben. Das scheint noch machbar. Problematischer wird es bei der Multiplikation: Man muss das „kleine" 1x1 bis 59 beherrschen, eine unlösbar scheinende Aufgabe für ein menschliches Gehirn[2].

Das zweite Problem betrifft die *Eindeutigkeit* der dargestellten Zahlen. Das durch „ 𒐖 " dargestellte Zahlwort z.B. kann 2, aber auch $2 \cdot 60 = 120$ oder $2 \cdot 3600 = 7200$ oder sonst etwas bedeuten. Was bedeutet „ 𒐗 "? Vielleicht 3, vielleicht aber auch $1 \cdot 60 + 2 = 62$, oder $2 \cdot 60 + 1 = 121$ oder ….

Was gemeint war, musste dem Kontext entnommen werden. Die Babylonier versuchten dem Problem der Mehrdeutigkeit dadurch zu begegnen, dass sie für nicht besetzte Stellen Lücken in der Zahldarstellung ließen, z.B.:

$$\text{𒐖𒐚} \quad \text{𒐏𒐚𒐕} = 17 \cdot 60^3 + 0 \cdot 60^2 + 46 \cdot 60 + 11$$

Im letzten Jahrtausend v. Chr. wurde ein Sonderzeichen für nicht besetzte Stellen eingeführt, das aber noch nicht an das Ende eines Zahlwortes geschrieben wurde.

$$\text{𒌋𒐖 ⸱ 𒌍𒐚} = 12 \cdot 60^2 + 0 \cdot 60 + 33$$

$$\text{𒌋𒐕 ⸱⸱ 𒌋} \quad \begin{array}{l} = 11 \cdot 60^2 + 0 \cdot 60^1 + 10 \quad ? \\ = 11 \cdot 60^3 + 0 \cdot 60^2 + 10 \cdot 60^1 + 0 \quad ? \end{array}$$

---

[2] Tatsächlich benutzten die babylonischen Gelehrten tönerne Multiplikationstafeln, denen sie die Ergebnisse entnahmen.

Sowohl das Prinzip des Stellenwertsystems als auch das Sexagesimalsystem blieben dauerhafter Besitz der Menschheit. Unsere heutigen Einteilungen der Stunde in 60 Minuten und 3600 Sekunden sowie die Einteilung des Vollkreises in 360 Grad, des Grades in 60 Minuten, der Minute in 60 Sekunden gehen auf die Sumerer zurück[3]. Vielleicht lag der Grund für die Wahl der Basis 60 im Wunsch begründet, die Maßsysteme zu vereinheitlichen. Vielleicht hat es auch eine Rolle gespielt, dass 60 viele natürliche Teiler besitzt. Leider ist uns darüber nichts bekannt.

Das Dezimalsystem

Mit dem ägyptischen Zahlensystem haben wir eines kennengelernt, das konsequent die Zehnerbündelung verfolgt, aber kein Stellenwertsystem ist. Das babylonische Zahlensystem ist dagegen ein Stellenwertsystem, allerdings mit der für manche Zwecke unhandlich großen Basiszahl 60, dem zusätzlich noch eine Null im heutigen Sinne fehlt. Nimmt man beide Ideen zusammen, erfindet die Null, und führt statt der umständlichen Aneinanderreihung von bis zu 9 Strichen oder Keilen einfache Symbole für die Zahlen von 0 bis 9 ein, so hat man das heutige Dezimalsystem erfunden.

Unsere heutige Zahlschrift stammt aus Indien. Die nebenstehende Abbildung (aus Schlagbauer u.a. 1991, S. 33) zeigt einige Schlaglichter ihrer Entwicklung eindrucksvoll auf. Etwa 300 v. Chr. tauchen in der Brahmi-Zahlschrift die Urahnen unserer heutigen Ziffern zum ersten Mal auf. Die ältesten bekannten Texte (aus Indien und Kambodscha), in denen eine Zahlschrift mit neun Ziffern und der Null mit identischem Aufbau wie die moderne vorkommt, stammen etwa aus dem Jahre 600 n. Chr.

---

[3] Vgl. hierzu: 83 Sekunden = 1' 23'' oder auch 65 min = 1 h 5 min

7.1 Zahldarstellungen

Im 8. Jahrhundert übernahmen die Araber das indische Zahlensystem, Ende des 8. Jahrhunderts war das indische dezimale Stellenwertsystem mit der Null auf islamischem Gebiet eingeführt. Die Araber entwickelten die Schreibweise der Ziffern fort und brachten das System schließlich nach Europa. Im 15. Jahrhundert, etwa zeitgleich mit der Erfindung des Buchdrucks, wurden die „arabischen" Ziffern fast überall in Europa benutzt. Ihre Schreibweise wurde fortlaufend normiert.

Das Dezimalsystem hat einige wesentliche Vorteile: Mit einem geringen Aufwand an Ziffern lässt sich jede Zahl eindeutig aufschreiben. Die Rechenverfahren sind verhältnismäßig überschaubar und leicht durchzuführen. Da man stellenweise rechnen kann, reicht die Beherrschung des kleinen 1+1 und 1x1 aus, um beliebig große Zahlen zu addieren und zu multiplizieren. Diese benötigten Grundkenntnisse wären zwar bei einer kleineren Basiszahl als 10 noch geringer, man würde sich diesen Vorteil aber mit längeren und unübersichtlicheren Zahlwörtern erkaufen. Sicher hat es auch eine Rolle gespielt, dass der Mensch 10 Finger hat, die schon immer zum Zählen und Rechnen benutzt wurden. Denn für die Basiszahlen 8 und 12 gelten die oben genannten Vorzüge sicher genauso, gegenüber der 10 hätten diese Zahlen aber den Vorteil, mehr echte Teiler zu besitzen.

Übung: 1) Die folgende Abbildung befindet sich in einem Mathematikschulbuch für Jahrgang 5 (Schlagbauer u.a. 1991, S. 32). Übersetzen Sie die Hieroglyphen.

2) Welche Zahlen sind dargestellt?

3) Schreiben Sie ägyptisch: 304113, 220204 .

4) Welche Zahlen sind dargestellt?
   XXIV ; CCXCIII ; CDXL ; MCMXLIX .

5) Schreiben Sie mit römischen Zahlzeichen:
   19 ; 43 ; 229 ; 1998 ; 3444 .

6) Welche Zahlen sind vermutlich dargestellt?

7) Schreiben Sie in Keilschrift: 73 ; 116 ; 3165 .

7.2 b-adische Ziffernsysteme

Wie bereits erwähnt, ist die Wahl der Basis 10 für unsere Form der Zahldarstellung relativ willkürlich. Im Prinzip hätten wir jede andere natürliche Zahl ≥ 2 als Basis nehmen können. Von der Wahl der Basis ist die Anzahl der benötigten Ziffern abhängig: Man braucht b verschiedene Ziffern einschließlich der Null. Nimmt man als Basis die Zahl b = 2, so benötigt man nur zwei Ziffern, eine Null und eine Eins[4]. Wir zählen:

	...	2^4	2^3	2^2	2^1	2^0	← Stellenwerte
0:						0	
1:						1	Ziffernvorrat erschöpft, also neue Stelle
2:					1	0	
3:					1	1	„
4:				1	0	0	
5:				1	0	1	
6:				1	1	0	
7:				1	1	1	„
8:			1	0	0	0	
9:			1	0	0	1	
10:			1	0	1	0	
11:			1	0	1	1	
12:			1	1	0	0	
13:			1	1	0	1	
14:			1	1	1	0	
15:			1	1	1	1	„
16:		1	0	0	0	0	
17:		1	0	0	0	1	
.		.	.	.	.	.	
.		.	.	.	.	.	
.		.	.	.	.	.	

---

[4] Das System mit der Basis 2 heißt Binär- oder Dualsystem oder dyadisches System (dy*adisch* → allgem. b-*adisch*). Es ist von großer Bedeutung in der Computertechnik, da man die beiden Ziffern durch die elektrischen Zustände „an" – „aus" bzw. „Stromfluss" – „kein Stromfluss" darstellen kann.

Wir werden im Folgenden zeigen, dass man für jede natürliche Zahl a zu jeder beliebigen Basis b ≥ 2 eine eindeutige b-adische Zifferndarstellung finden kann.

Satz 1: Jede Zahl $a \in \mathbb{N}$ lässt sich für jedes $b \in \mathbb{N}\setminus\{1\}$ in der Form
$a = z_n b^n + z_{n-1} b^{n-1} + \ldots + z_2 b^2 + z_1 b^1 + z_0 b^0$ mit $z_i \in \mathbb{N}_0$, $z_n \neq 0$ und $0 \leq z_i < b$ eindeutig darstellen.

Man schreibt $a = (z_n z_{n-1} z_{n-2} \ldots z_2 z_1 z_0)_b$ bzw. wenn klar ist, welche Basis gemeint ist, nur $a = z_n z_{n-1} z_{n-2} \ldots z_2 z_1 z_0$. Die z_i nennt man *Ziffern von a in der b-adischen Zifferndarstellung*. Die Potenzen von b nennt man *Stellenwerte*. So ist 1010101_2 die duale Zifferndarstellung der Zahl $a = 85$ des Dezimalsystems, denn $85 = 1 \cdot 2^6 + 0 \cdot 2^5 + 1 \cdot 2^4 + 0 \cdot 2^3 + 1 \cdot 2^2 + 0 \cdot 2^1 + 1 \cdot 2^0$.

Beweis:

1. Wir zeigen zuerst, dass eine solche Darstellung **existiert**. Nach dem Satz von der Division mit Rest gibt es zu a und b ein eindeutig bestimmtes Paar q_0, z_0 mit $q_0, z_0 \in \mathbb{N}_0$ und $z_0 < b$, so dass gilt:

$a = q_0 b + z_0$ Analog gibt es ... ein Paar q_1, z_1 mit
$q_0 = q_1 b + z_1$, $0 \leq z_1 < b$,   ... ein Paar q_2, z_2 mit
$q_1 = q_2 b + z_2$, $0 \leq z_2 < b$,   ... ein Paar q_3, z_3 mit
$q_2 = q_3 b + z_3$, $0 \leq z_3 < b$ usw.

Da $b > 1$ und $z_i \geq 0$ für alle i gilt: $a > q_0 > q_1 > q_2 > q_3 > \ldots$; wir haben also eine streng monoton fallende Folge natürlicher Zahlen vorliegen, die nach spätestens a Schritten abbricht. Also gibt es ein n, so dass $q_n = 0$ wird:
$q_{n-1} = 0 \cdot b + z_n$, $0 \leq z_n < b$.

Wir setzen jetzt die vorstehenden Gleichungen nach und nach in die erste Gleichung ein:

$a = \qquad\qquad\qquad q_0 b + z_0 = z_0 + \mathbf{q_0} b$
$a = \qquad\qquad z_0 + (q_1 b + z_1) b = z_0 + z_1 b + \mathbf{q_1} b^2$
$a = \qquad z_0 + z_1 b + (q_2 b + z_2) b^2 = z_0 + z_1 b + z_2 b^2 + \mathbf{q_2} b^3$
$a = z_0 + z_1 b + z_2 b^2 + (q_3 b + z_3) b^3 = z_0 + z_1 b + z_2 b^2 + z_3 b^3 + \mathbf{q_3} b^4$
...
$a = \qquad \ldots + (0 \cdot b + z_n) b^n = z_0 + z_1 b + z_2 b^2 + z_3 b^3 + \ldots + z_n b^n$
$a = \qquad\qquad\qquad z_n b^n + z_{n-1} b^{n-1} + \ldots + z_2 b^2 + z_1 b^1 + z_0 b^0$

7.2 b-adische Ziffernsysteme

Damit haben wir eine Darstellung von a als Potenzen von b konstruiert.

2. Wir zeigen nun, dass diese Darstellung **eindeutig** ist. Wie üblich nehmen wir an, es gäbe zwei verschiedene Darstellungen und zeigen, dass diese dann doch identisch sind.

Sei $a = z_n b^n + z_{n-1} b^{n-1} + \ldots + z_2 b^2 + z_1 b + z_0$ und
$a = y_m b^m + y_{m-1} b^{m-1} + \ldots + y_2 b^2 + y_1 b + y_0$ mit $0 \leq z_i, y_i < b$, $z_n, y_m \neq 0$.

Wegen der Eindeutigkeit der Division mit Rest (genau ein Paar q,r) müssen in
$a = (z_n b^{n-1} + \ldots + z_2 b + z_1) b + z_0 = (y_m b^{m-1} + \ldots + y_2 b + y_1) b + y_0$
die beiden Klammerausdrücke und ebenso die Reste identisch sein:
$z_0 = y_0$ und $z_n b^{n-1} + \ldots + z_2 b + z_1 = y_m b^{m-1} + \ldots + y_2 b + y_1$.
Wir formen die letzte Gleichung um:
$(z_n b^{n-2} + \ldots + z_2) b + z_1 = (y_m b^{m-2} + \ldots + y_2) b + y_1$.
Wegen der Eindeutigkeit der Division mit Rest folgt wieder
$z_1 = y_1$ und $z_n b^{n-2} + \ldots + z_2 = y_m b^{m-2} + \ldots + y_2$
Erneute Umformung (zur Restdarstellung) liefert:
$(z_n b^{n-3} + \ldots + z_3) b + z_2 = (y_m b^{m-3} + \ldots + y_3) b + y_2$
Aus dieser Gleichung folgern wir
$z_2 = y_2$ usw., bis wir schließlich
$z_n = y_m$ erhalten.

Der erste Teil des Beweises von Satz 1 liefert uns ein Verfahren zur Umrechnung einer im Dezimalsystem gegebenen Zahl in ein System mit einer Basis $\neq 10$. Wir demonstrieren das Verfahren an der Aufgabe, die Zahl 579 in das Stellenwertsystem mit der Basis $b = 6$ zu übersetzen:

$$
\begin{aligned}
a = 579 &= q_0 \cdot 6 + \boxed{z_0} \\
&= 96 \cdot 6 + \boxed{3} \\
q_0 = 96 &= q_1 \cdot 6 + \boxed{z_1} \\
&= 16 \cdot 6 + \boxed{0} \\
q_1 = 16 &= q_2 \cdot 6 + \boxed{z_2} \\
&= 2 \cdot 6 + \boxed{4} \\
q_2 = 2 &= q_3 \cdot 6 + \boxed{z_3} \\
&= 0 \cdot 6 + \boxed{2}
\end{aligned}
$$

Als Reste ergeben sich die Ziffern der Darstellung von 579 im Sechsersystem: $579 = 2403_6$. Wir lesen dieses Ergebnis ziffernweise (also: „zwei, vier, null, drei im Sechsersystem") und nicht wie im Dezimalsystem üblich (also nicht zweitausendvierhundertunddrei). Schließlich bedeutet die 2 in 2403_6 nicht „2 Tausender", sondern „2 Zweihundertsechzehner".

Eine andere, meist aber umständlichere Art der Umrechnung besteht darin, zunächst die Potenzen der Basis b zu ermitteln und die dezimal gegebene Zahl dann als Summe von Vielfachen dieser Potenzen auszudrücken. Soll z.B. 954 ins Fünfersystem übersetzt werden, so berechnen wir die Potenzen von 5 bis $5^4 = 625$ (5^5 passt nicht mehr in 954) und ermitteln dann die Darstellung von 954 als Summe dieser Potenzen:

$954 = 1 \cdot 625 + 329$
$954 = 1 \cdot 625 + 2 \cdot 125 + 79$
$954 = 1 \cdot 625 + 2 \cdot 125 + 3 \cdot 25 + 4$
$954 = 1 \cdot 625 + 2 \cdot 125 + 3 \cdot 25 + 0 \cdot 5 + 4$
$954 = 1 \cdot 625 + 2 \cdot 125 + 3 \cdot 25 + 0 \cdot 5 + 4 \cdot 1$
$954 = 1 \cdot 5^4 + 2 \cdot 5^3 + 3 \cdot 5^2 + 0 \cdot 5^1 + 4 \cdot 5^0 = 12304_5$

Dieser Weg entspricht genau der Umkehrung des Vorgehens, mit dem man b-adische Zahldarstellungen ins Dezimalsystem übersetzt.

So ist z.B.:

$21012_3 = 2 \cdot 3^4 + 1 \cdot 3^3 + 0 \cdot 3^2 + 1 \cdot 3^1 + 2 \cdot 3^0$
$ = 2 \cdot 81 + 1 \cdot 27 + 0 \cdot 9 + 1 \cdot 3 + 2 \cdot 1 = 194$

Ist die Basis größer als 10, so benötigen wir mehr Ziffern als unsere Zahlschrift kennt. Üblicherweise verwendet man dann Buchstaben zur Bezeichnung der fehlenden Ziffern. Im Zwölfersystem könnte man die Buchstaben z und e für die Ziffern zehn und elf verwenden, im Sechzehnersystem wollen wir die Buchstaben A (für zehn) bis F (für fünfzehn) unseren 10 Ziffern 0 bis 9 hinzufügen. Wir übersetzen 970 ins Sechzehnersystem:

$970 = 60 \cdot 16 + A$
$60 = 3 \cdot 16 + C$
$3 = 0 \cdot 16 + 3 \quad 970 = 3CA_{16}$

7.2 b-adische Ziffernsysteme

Das folgende Spiel „Zahlenraten" basiert auf der Möglichkeit, jede natürliche Zahl eindeutig im Dualsystem darzustellen. Für die kleine Version des Spiels brauchen Sie 4 Karten, wobei jeder Karte eine Zweierpotenz zugeordnet wird. Diese Zweierpotenzen werden als erste Zahlen auf den Karten notiert. Dann schreibt man die übrigen Zahlen bis 15 nach der folgenden Regel auf die Karten: Wenn in der Dualdarstellung der Zahl eine der Zweierpotenzen mit der Ziffer 1 auftritt, dann wird sie auf der entsprechenden Karte notiert, wenn die Ziffer an dieser Stelle 0 ist, dann kommt sie nicht auf die Karte.

Beispiele: $3 = 1 \cdot 2^1 + 1 \cdot 2^0 = 11_2$, also steht 3 auf der 2^1-Karte und auf der 2^0-Karte. $5 = 1 \cdot 2^2 + 0 \cdot 2^1 + 1 \cdot 2^0 = 101_2$, also steht 5 auf der 2^2-Karte und auf der 2^0-Karte, aber nicht auf der 2^1-Karte.

2^3-Karte	2^2-Karte	2^1-Karte	2^0-Karte
8	4 5 6 7	2 3 6 7	1 3 5 7

Das Spiel mit diesen Karten besteht nun darin, dass sich Ihr Mitspieler eine Zahl zwischen 1 und 15 ausdenkt und Ihnen alle Karten gibt, auf denen die ausgedachte Zahl steht. Sie „erraten" diese, indem Sie die entsprechenden Zweierpotenzen addieren. Beispiel: Jemand hat sich die Zahl 7 ausgedacht und Ihnen die drei rechten Karten gegeben. Sie rechnen $4 + 2 + 1 = 7$.

Vervollständigen Sie die vier Spielkarten und erproben Sie das Spiel in Ihrem Bekanntenkreis.

Übung: 1) Stellen Sie einen Kartensatz für das Spiel „Zahlenraten" mit den Zahlen von 1 bis 30 her.

2) Verwandeln Sie die b-adisch geschriebene Zahl a in die g-adische Zahldarstellung:

a) a = 10101010   b = 2   g = 6
b) a = 7777   b = 8   g = 5
c) a = ez43   b = 12   g = 3
d) a = AFFE   b = 16   g = 9

3) Kann man bei geeigneter Basis b die Zahl 5416 des Dezimalsystems als

a) 12450
b) F1A

eines b-adischen Systems schreiben?
Wenn ja, geben Sie die Basis b an. Wenn nein, begründen Sie, warum es nicht geht.

7.3 Die Grundrechenarten in b-adischen Stellenwertsystemen

Wie bereits erwähnt kann man in jedem Stellenwertsystem ziffernweise rechnen. Die Algorithmen für die vier Grundrechenarten in schriftlicher Form arbeiten bei jeder Basis b genauso wie in dem uns vertrauten Dezimalsystem. Während wir sie aber in dem letztgenannten System automatisiert und ohne Bewusstmachung der zugrunde liegenden Regeln durchführen können, erfordert das schriftliche Rechnen in anderen Stellenwertsystemen ein großes Maß an Aufmerksamkeit für die verwendeten Verfahren und Fakten.

Wir beginnen mit dem relativ einfachen Verfahren der schriftlichen Addition und dem Stellenwertsystem mit der Basis 4. Wir gehen dabei entsprechend dem an deutschen Grundschulen üblichen Normalverfahren vor, beginnen also mit dem kleinsten Stellenwert und addieren von unten nach oben. Zum besseren Verständnis notieren wir die Aufgabe in einer Stellentafel und geben die ausführliche Sprechweise an, so wie es bei der Einführung der schriftlichen Addition im Dezimalsystem in der Grundschule üblich ist.

7.3 Grundrechenarten in b-adischen Stellenwertsystemen

	16er	4er	Einer
	1	1	3
+		2	2
	1	1	
	2	0	1

2 Einer plus 3 Einer sind 11 Einer.
Das sind 1 Einer und 1 Vierer.
1 Vierer plus 2 Vierer sind 3 Vierer,
3 Vierer plus 1 Vierer sind 10 Vierer.
Das sind 0 Vierer und 1 Sechzehner.
1 Sechzehner plus 1 Sechzehner sind
2 Sechzehner.

Zur Lösung dieser Aufgabe haben wir folgende 1+1-Aufgaben im Vierersystem benötigt: $2_4 + 3_4 = 11_4$, $1_4 + 2_4 = 3_4$, $3_4 + 1_4 = 10_4$, $1_4 + 1_4 = 2_4$. Die folgende Tabelle gibt alle 16 Aufgaben des kleinen 1+1 des Vierersystems wieder.

$+_4$	0	1	2	3
0	0	1	2	3
1	1	2	3	10
2	2	3	10	11
3	3	10	11	12

Diese Tabelle ist uns auch hilfreich, wenn wir im Folgenden eine schriftliche Subtraktionsaufgabe lösen, denn wir werden diese nach dem in Deutschland bis vor Kurzem vorgeschriebenen Ergänzungsverfahren lösen, also als Additionsaufgabe mit fehlendem Summanden, wobei das Ergebnis oben steht. Von den drei Übertragstechniken benutzen wir das Vorgehen des Erweiterns.

	16er	4er	Einer
		10	
	3	1	3
−	1	3	2
	1		
	1	2	1

2 Einer plus 1 Einer sind 3 Einer.
3 Vierer plus wie viele Vierer sind 1 Vierer? Geht nicht. Wir erweitern oben mit
10 Vierern und unten mit 1 Sechzehner.
3 Vierer plus 2 Vierer sind 11 Vierer.
1 Sechzehner plus 1 Sechzehner sind
2 Sechzehner. 2 Sechzehner plus
1 Sechzehner sind 3 Sechzehner.

Für die Beispiele zur Multiplikation und Division wechseln wir die Basis und rechnen im Sechsersystem. Wir werden die schriftliche Multiplikation ebenfalls nach dem bei uns üblichen Verfahren durchführen. Wir beginnen die Multiplikation also mit dem höchsten Stellenwert des zweiten Faktors und notieren das erste Teilergebnis unter dieser Zahl. Bevor wir mit der Rechnung beginnen notieren wir die 1x1-Tafel des Sechsersystems, um aus ihr die benötigten 1x1-Fakten entnehmen zu können, die wir ja nicht auswendig beherrschen.

$\cdot_6$	0	1	2	3	4	5
0	0	0	0	0	0	0
1	0	1	2	3	4	5
2	0	2	4	10	12	14
3	0	3	10	13	20	23
4	0	4	12	20	24	32
5	0	5	14	23	32	41

```
  3 5 0 2 · 2 4
  ─────────────
    1 1 4 0 4
  2 3 2 1 2
+         1
  ─────────────
  1 4 1 2 5 2
```

$2_6 \cdot 2_6 = 4_6$. Schreibe 4. $2_6 \cdot 0_6 = 0_6$. Schreibe 0.
$2_6 \cdot 5_6 = 14_6$. Schreibe 4, merke 1. $2_6 \cdot 3_6 = 10_6$,
$10_6 + 1_6 = 11_6$. Schreibe 11.
$4_6 \cdot 2_6 = 12_6$. Schreibe 2, merke 1. $4_6 \cdot 0_6 = 0_6$,
$0_6 + 1_6 = 1_6$. Schreibe 1. $4_6 \cdot 5_6 = 32_6$. Schreibe 2,
merke 3. $4_6 \cdot 3_6 = 20_6$, $20_6 + 3_6 = 23_6$. Schreibe 23.

Die abschließende Addition ist nun relativ leicht durchführbar, lediglich bei $3_6 + 4_6 = 11_6$ ergibt sich ein Übertrag zum nächst höheren Stellenwert.

Das komplexeste Verfahren ist das der schriftlichen Division. Wir werden uns auf ein Beispiel mit einem einstelligen Divisor beschränken. Zur Bestimmung der Quotienten der Teilaufgaben benutzen wir wieder unsere 1x1-Tafel des Sechsersystems.

7.4 Teilbarkeitsregeln in b-adischen Stellenwertsystemen

```
1 0 5 2 3 : 3 = 2 1 4 5
1 0
  0 5
  3
  2 2
  2 0
    2 3
    2 3
    0
```

3_6 passt in 10_6 zweimal. $2_6 \cdot 3_6 = 10_6$.
$10_6 + 0_6 = 10_6$. 5_6 herunterholen.
3_6 passt in 5_6 einmal. $1_6 \cdot 3_6 = 3_6$.
$3_6 + 2_6 = 5_6$. 2_6 herunterholen.
3_6 passt in 22_6 viermal. $4_6 \cdot 3_6 = 20_6$.
$20_6 + 2_6 = 22_6$. 3_6 herunterholen.
3_6 passt in 23_6 fünfmal. $5_6 \cdot 3_6 = 23_6$.
$23_6 + 0_6 = 23_6$.

Übung: Rechnen Sie schriftlich im angegebenen b-adischen System.

1) $1234_6 + 2345_6$
   $ez1_{12} + 98_{12}$
   $AFFE_{16} + CAFE_{16}$

2) $2222_4 - 333_4$
   $3746_8 - 2765_8$
   $1000_{16} - DAF_{16}$

3) $5432_6 \cdot 13_6$
   $2ez_{12} \cdot z2_{12}$

4) $10352_6 : 4_6$
   $23202_5 : 3_5$

7.4 Teilbarkeitsregeln in b-adischen Stellenwertsystemen

In Abschnitt 6 des 5. Kapitels haben Sie Teilbarkeitsregeln kennengelernt, die im Dezimalsystem gelten. In diesem Abschnitt sollen diese nun so weit möglich auf beliebige Stellenwertsysteme verallgemeinert werden.

Die einfachste Teilbarkeitsregel ist sicher die erste Endstellenregel (Satz 13, Kapitel 5): $a \equiv z_0 \mod 10$ und damit auch $a \equiv z_0 \mod 2$ und $a \equiv z_0 \mod 5$, da 2 und 5 Teiler von 10 sind. Ersetzen wir 10 durch eine beliebige Basis b, so gilt der folgende Satz:

Satz 2: Es sei $a \in \mathbb{N}$ mit $a = z_n b^n + z_{n-1} b^{n-1} + \ldots + z_2 b^2 + z_1 b^1 + z_0 b^0$, $b \in \mathbb{N}\setminus\{1\}$, $z_i \in \mathbb{N}_0$, $z_n \neq 0$, $0 \leq z_i < b$ und $d \in \mathbb{N}$. Dann gilt: $a \equiv z_0 \bmod d$ für alle Teiler d von b.

Beweis:

$\begin{aligned}
a &= z_n b^n + z_{n-1} b^{n-1} + \ldots + z_2 b^2 + z_1 b^1 + z_0 b^0 \\
&= (z_n b^{n-1} + z_{n-1} b^{n-2} + \ldots + z_2 b + z_1) b + z_0 \\
&= \quad\quad q \quad\quad \cdot \quad b + z_0, \quad q \in \mathbb{N}_0
\end{aligned}$

$\Rightarrow a \equiv z_0 \bmod b$ /n. Satz 2, Kap. 5: $a \equiv b \bmod m \Leftrightarrow \exists\, q \in \mathbb{Z}: a = q \cdot m + b$

$\Rightarrow a \equiv z_0 \bmod d$ für alle Teiler d von b

/n. Übung 4, Abschnitt 3, Kapitel 5: $a \equiv b \bmod m \wedge d\,|\,m \Rightarrow a \equiv b \bmod d$

Bei der Basis $b = 6$ erhalten wir so Teilbarkeitsregeln für 2, 3 und 6. Eine Zahl im Sechsersystem ist durch 2 teilbar, wenn sie auf 0, 2 oder 4 endet, sie ist durch 3 teilbar, wenn ihre Einerziffer 0 oder 3 ist, und sie ist schließlich durch $6 = 10_6$ teilbar, wenn sie auf 0 endet. So ist z.B. $a = 1234_6$ durch 2, nicht aber durch 3 oder 6 teilbar. Der Dreierrest ist 1, der Sechserrest ist 4.

Völlig analog können wir auch die zweite Endstellenregel (Satz 14 aus Kapitel 5) auf eine beliebige Basis b verallgemeinern:

Satz 3: Es sei $a \in \mathbb{N}$ mit $a = z_n b^n + z_{n-1} b^{n-1} + \ldots + z_2 b^2 + z_1 b^1 + z_0 b^0$, $b \in \mathbb{N}\setminus\{1\}$, $z_i \in \mathbb{N}_0$, $z_n \neq 0$, $0 \leq z_i < b$ und $d \in \mathbb{N}$. Dann gilt: $a \equiv z_1 \cdot b + z_0 \bmod d$ für alle Teiler d von b^2.

Beweis:

$\begin{aligned}
a &= z_n b^n + z_{n-1} b^{n-1} + \ldots + z_2 b^2 + z_1 b^1 + z_0 b^0 \\
&= (z_n b^{n-2} + z_{n-1} b^{n-3} + \ldots + z_2) b^2 + z_1 \cdot b + z_0 \\
&= \quad\quad q \quad\quad \cdot \quad b^2 + z_1 \cdot b + z_0, \quad q \in \mathbb{N}_0
\end{aligned}$

$\Rightarrow a \equiv z_1 \cdot b + z_0 \bmod b^2$ /n. Satz 2, Kap. 5: $a \equiv b \bmod m \Leftrightarrow \exists\, q \in \mathbb{Z}: a = q \cdot m + b$

$\Rightarrow a \equiv z_1 \cdot b + z_0 \bmod d \quad$ für alle Teiler d von b^2

/n. Übung 4, Abschnitt 3, Kapitel 5: $a \equiv b \bmod m \wedge d\,|\,m \Rightarrow a \equiv b \bmod d$

7.4 Teilbarkeitsregeln in b-adischen Stellenwertsystemen 153

Bei der Basis b = 6 erhalten wir so zusätzlich zu den Teilbarkeitsregeln für 2, 3 und 6 = 10_6 weitere Teilbarkeitsregeln für 4, 9 = 13_6, 12 = 20_6, 18 = 30_6 und 36 = 100_6. So ist z.B. a = 4130_6 teilbar durch 2, durch 3, durch 6 = 10_6, durch 9 = 13_6 und durch 18 = 30_6.

Auf eine Formulierung der Teilbarkeitsregeln für die Teiler von b^3 verzichten wir. Sie können diese zur Übung selbst aufstellen und beweisen.

In Satz 12, Kapitel 5, wurde die Quersummenregel für die Teilbarkeit einer Dezimalzahl durch 3 und 9 und die alternierende Quersummenregel für die Teilbarkeit durch 11 aufgestellt. Der 9 in unserem Dezimalsystem entspricht die Zahl b − 1 in einem beliebigen b-adischen Stellenwertsystem, der 11 entspricht b + 1.

Wir betrachten zunächst das Beispiel des Sechsersystems und überlegen anschaulich, was der Übergang von einer Zahl zu ihrer Quersumme bezüglich der Reste bei Division durch 5 bewirkt:

Das Wegnehmen eines Sechsers und das Hinzufügen eines Einers vermindert die Zahl um 5. Werden alle vorhandenen Sechser entfernt und für jeden ein Einer hinzugefügt, hat man die Zahl um ein Vielfaches von 5 verkleinert, was ihren Fünferrest nicht tangiert. Das Entfernen eines Sechsunddreißigers und das Hinzufügen eines Einers bedeutet eine Verminderung der Zahl um 35, bzw. bei mehreren vorhandenen Sechsunddreißigern um Vielfache von 35, was auch keinen Einfluss auf den Rest bei Division durch 5 hat. Entsprechendes gilt für die höheren Stellenwerte. Von daher lässt eine Zahl im Sechsersystem denselben Fünferrest wie ihre Quersumme.

Wir bleiben im Sechsersystem und überlegen, was der Übergang von einer Zahl zu ihrer alternierenden Quersumme bedeutet:

Entfernt man einen Sechser und gleichzeitig einen Einer, so hat man die Zahl um 7 vermindert. Das Wegnehmen eines Sechsunddreißigers und das Hinzufügen eines Einers vermindert die Zahl um 35, also um ein Vielfaches von 7. Entfernt man einen Zweihundertundsechzehner und gleichzeitig einen Einer, so verkleinert man die Zahl um 217 = 7 · 31 usw. In jedem Fall werden die Siebenerreste nicht tangiert.

Diese Überlegungen gelten natürlich nicht nur im Dezimal- und Sechsersystem. Entsprechend können wir Teilbarkeitsregeln für $b - 1$ und $b + 1$ für jede Basis b formulieren und begründen. Es gilt:

Satz 4: Es sei $a \in \mathbb{N}$ mit $a = z_n b^n + z_{n-1} b^{n-1} + \ldots + z_2 b^2 + z_1 b^1 + z_0 b^0$, $b \in \mathbb{N}\setminus\{1\}$, $z_i \in \mathbb{N}_0$, $z_n \neq 0$, $0 \leq z_i < b$ und $d \in \mathbb{N}$.

Ferner sei $Q_b(a) = \sum_{i=0}^{n} z_i$ die b-adische Quersumme von a

und $Q'_b(a) = \sum_{i=0}^{n} (-1)^i z_i$ die alternierende b-adische Quersumme von a.

Dann gilt:
1) $a \equiv Q_b(a) \mod d$ für alle Teiler d von $b - 1$
2) $a \equiv Q_b'(a) \mod d$ für alle Teiler d von $b + 1$.

Beweis:

1) Wir zeigen $a \equiv Q_b(a) \mod b-1$, woraus dann (n. Übung 4, Abschn. 3, Kapitel 5) folgt, dass diese Kongruenz auch für alle Teiler d von $b-1$ gilt.

Da $\quad b-1 \mid b-1$
$\Rightarrow \quad b \equiv 1 \mod b-1$ /Satz 1, Kap. 5: $m \mid a-b \Rightarrow a \equiv b \mod m$
$\Rightarrow \quad b^n \equiv 1^n \mod b-1$ /Satz 5, Kap. 5
$\Rightarrow \quad b^n \equiv 1 \mod b-1$ /$1^n = 1$

Folglich: $z_0 \equiv z_0 \mod b-1$,
$z_1 b \equiv z_1 \mod b-1$
$z_2 b^2 \equiv z_2 \mod b-1$,
...
$z_n b^n \equiv z_n \mod b-1$.

Damit: $a = z_n b^n + z_{n-1} b^{n-1} + \ldots + z_2 b^2 + z_1 b^1 + z_0 b^0$
$\equiv z_n + z_{n-1} + \ldots + z_2 + z_1 + z_0 \mod b-1$

also $\quad a \equiv Q_b(a) \mod b-1$
$(\Rightarrow a \equiv Q_b(a) \mod d$ für alle Teiler d von $b-1$ /Ü4, Abschn. 3, Kap. 5)

7.4 Teilbarkeitsregeln in b-adischen Stellenwertsystemen 155

2) Wir zeigen, dass $a \equiv Q_b'(a) \mod b+1$, woraus dann folgt, dass diese Kongruenz auch für alle Teiler d von b+1 richtig ist.

Da $\quad b+1 \mid b+1$
$\Rightarrow \quad b+1 \mid b-(-1)$
$\Rightarrow \quad b \equiv -1 \mod b+1$ /Satz 1, Kap. 5
$\Rightarrow \quad b^n \equiv (-1)^n \mod b+1$ /Satz 5, Kap. 5

Folglich: $\quad z_0 \equiv z_0 \mod b+1 \qquad z_1 b \equiv -z_1 \mod b+1$
$\qquad\qquad z_2 b^2 \equiv z_2 \mod b+1 \qquad z_2 b^2 \equiv -z_2 \mod b+1$
$\qquad\qquad ...$
$\qquad\qquad z_n b^n \equiv (-1)^n z_n \mod b+1.$

Damit: $\quad a = z_n b^n + ... + z_3 b^3 + z_2 b^2 + z_1 b^1 + z_0 b^0$
$\qquad\quad \equiv (-1)^n z_n + ... - z_3 + z_2 - z_1 + z_0 \mod b+1$

also $\quad a \equiv Q_b'(a) \mod b+1$.
$(\Rightarrow \ a \equiv Q_b'(a) \mod d$ für alle Teiler d von b+1 /Ü4, Abschn. 3, Kap. 5)

Da im Sechsersystem $b - 1 = 5$ und $b + 1 = 7$ keine echten Teiler besitzen, haben wir durch Satz 4 also zwei weitere Teilbarkeitsregeln erhalten, eine Teilbarkeitsregel für 5 und eine Teilbarkeitsregel für $7 = 11_6$.

Mit diesen Regeln können wir schließen, dass

- die Zahl $a = 1234_6$ durch 5 teilbar ist, denn $Q_6(a) = 10 = 14_6$ ist durch 5 teilbar,
- die Zahl $a = 1234_6$ nicht durch $7 = 11_6$ teilbar ist, denn $Q_6'(a) = 2$ ist nicht durch $7 = 11_6$ teilbar.
- die Zahl $a = 1441_6$ dagegen sowohl durch 5 als auch durch $7 = 11_6$ teilbar ist, denn $Q_6(a) = 10 = 14_6$ und $Q_6'(a) = 0$.

Abschließend wollen wir für das Zwölfersystem alle Teilbarkeitsregeln, die sich aus den Sätzen 2, 3 und 4 ergeben, auflisten und sie den Teilbarkeitsregeln im Dezimalsystem gegenüberstellen.

7 Stellenwertsysteme

Für die Endstellenregeln benötigen wir die Teilermengen von 12 und 144:

12	
1	12
2	6
3	4

144	
1	144
2	72
3	48
4	36
6	24
8	18
9	16
12	12

	Dezimalsystem	Zwölfersystem
Endstellenregel 1	2	2
		3
		4
	5	6
	10	$12 = 10_{12}$
Endstellenregel 2	4	
		8
		9
		$16 = 14_{12}$
		$18 = 16_{12}$
	20	$24 = 20_{12}$
	25	$36 = 30_{12}$
		$48 = 40_{12}$
	50	$72 = 60_{12}$
	100	$144 = 100_{12}$
Quersummenregel	3	
	9	$11 = e_{12}$
alt. Quersummenregel	11	$13 = 11_{12}$

Man erkennt unmittelbar: Unter Teilbarkeitsgesichtspunkten ist die Wahl der Basiszahl 10 nicht die Günstigste.

7.4 Teilbarkeitsregeln in b-adischen Stellenwertsystemen

Zur Anwendung der Teilbarkeitsregeln im Zwölfersystem lösen wir die folgende Aufgabe:

Wie heißt die größte, im Zwölfersystem vierstellige Zahl, die aus vier verschiedenen Ziffern besteht und durch $22 = 1z_{12}$ teilbar ist?

Wir spielen zunächst „hohe Hausnummer" und stellen fest, dass die größte vierstellige Zahl im Zwölfersystem aus vier verschiedenen Ziffern $ez98_{12}$ ist. Weiter überlegen wir, dass die Teilbarkeit durch 22 bedeutet, dass die Zahl sowohl durch $11 = e_{12}$ als auch durch 2 teilbar ist. Wir benötigen also die Quersummenregel und die erste Endstellenregel.

$Q_{12}(ez98_{12}) = 38$, unsere Zahl ist also nicht durch 11 teilbar, sie lässt den Elferrest 5. Wir subtrahieren 5, um zur nächst kleineren Zahl zu gelangen, die durch $11 = e_{12}$ teilbar ist:
$ez98_{12} - 5_{12} = ez93_{12}$

Diese Zahl ist nun zwar durch $11 = e_{12}$ teilbar ($Q_{12}(ez93_{12}) = 33$), sie besteht erfreulicherweise auch noch aus vier verschiedenen Ziffern. Aber sie ist leider nicht durch 2 teilbar, denn ihre letzte Stelle, 3, ist nicht durch 2 teilbar.

Um die Teilbarkeit durch 11 zu erhalten subtrahieren wir 11:
$ez93_{12} - e_{12} = ez84_{12}$

Diese Zahl endet auf 4, und $2 \mid 4$. Sie besteht aus vier verschiedenen Ziffern und durch unsere Manipulationen muss sie durch 11 teilbar sein. Wir haben also die größte, im Zwölfersystem vierstellige Zahl, die aus vier verschiedenen Ziffern besteht und durch $22 = 1z_{12}$ teilbar ist, gefunden.

Zum Schluss lösen wir die Aufgabe:

Wie heißt die kleinste Zahl, die im Vierersystem vierstellig ist mit lauter verschiedenen Ziffern, und die durch $5 = 11_4$ teilbar ist?

Die kleinste Zahl aus vier verschiedenen Ziffern lautet im Vierersystem 1023_4. Zur Überprüfung ihrer Teilbarkeit durch $5 = 11_4$ verwenden wir die alternierende Quersummenregel:
$Q_4'(1023_4) = 3 - 2 + 0 - 1 = 0$ und $5 \mid 0$.

1023_4 ist also schon die gesuchte Zahl. Im Dezimalsystem lautet sie 75.

„Ganz zum Schluss" möchten wir die Interessierte und nicht zuletzt den Interessierten auf eine Verallgemeinerung unserer Teilbarkeitsregeln hinweisen:

Alle in diesem Kapitel vorgestellten Teilbarkeitsregeln sind in der folgenden sehr allgemeinen Aussage enthalten:

Für alle $t \in \mathbb{N}$ gilt: $\sum_{i=0}^{n} z_i b^i \equiv \sum_{i=0}^{n} z_i r_i \mod t$, wobei $r_i \equiv b^i \mod t$.

So ergibt sich z.B. für b = 10 die zweite Endstellenregel für die Teilbarkeit einer natürlichen Zahl durch t = 4 durch die Überlegung, dass $r_i \equiv 0 \mod 4$ für alle $i \geq 2$, da $b^i \equiv 0 \mod 4$ für alle $i \geq 2$.

Die Hunderter-, Tausender-, Zehntausenderreste ... r_i sind also 0, tauchen folglich in der rechten Summe nicht mehr auf. Wir betrachten also nur die beiden letzten Stellen der Zahl. Statt die aus den beiden letzten Ziffern der Zahldarstellung gebildete Zahl auf Teilbarkeit durch 4 zu untersuchen, können wir auch den Viererrest von 10 multipliziert mit der Ziffer beim Zehner zu der Ziffer beim Einer addieren ($2z_1 + z_0$) betrachten.

Die Quersummenregel für die Teilbarkeit durch 3 oder 9 im Dezimalsystem ergibt sich unmittelbar, da die Dreier- bzw. Neunerreste der Zehnerpotenzen allesamt 1 sind ($r_i \equiv 1 \mod 3$ bzw. mod 9 für alle i), die rechte Summe ist dann gerade die Quersumme. Analog ergeben sich die Teilbarkeitsregeln in b-adischen Ziffernsystemen.

Aus dieser „Oberregel", die alle Teilbarkeitsregeln, die wir formuliert haben, einschließt, könnten wir jetzt auch eine Teilbarkeitsregel für 7 im Dezimalsystem herleiten:

$7 \mid a \Leftrightarrow 7 \mid 1 \cdot z_0 + 3 \cdot z_1 + 2 \cdot z_2 + 6 \cdot z_3 + 4 \cdot z_4 + 5 \cdot z_5 + 1 \cdot z_6 + 3 \cdot z_7 + ...$

denn 1, 3, 2, 6, 4, 5, 1, 3, 2, 6, ... sind die Siebenerreste der Zehnerpotenzen. Diese Regeln sind allerdings von geringer praktischer Relevanz, trotzdem wollten wir Ihnen die Möglichkeit aufzeigen, unsere Teilbarkeitsüberlegungen noch weiter zu verallgemeinern.

Mit den folgenden Übungen „haben Sie und wir Kapitel 7 fertig" und wir versprechen Ihnen ein interessantes, schulrelevantes Kapitel 8.

7.4 Teilbarkeitsregeln in b-adischen Stellenwertsystemen

Übung:
1) Überprüfen Sie mit den Teilbarkeitsregeln für b-adische Stellenwertsysteme die folgenden Aussagen:

    a) $9 \mid 2222_3$ b) $16 \mid A3C50_{16}$ c) $5 \mid 32123_4$

    d) $4 \mid 5ze8_{12}$ e) $6 \mid 5101_7$ f) $8 \mid 765432_8$

    g) $6 \mid 9ze56_{12}$ h) $13 \mid AB6CD_{14}$ i) $2 \mid 101010_2$

    j) $15 \mid AFFE_{16}$ k) $7 \mid 555555_6$ l) $4 \mid 101100_2$

    m) $4 \mid 43210_5$ n) $8 \mid 7452321_9$ o) $5 \mid 4CE38B_{15}$

2) Bestimmen Sie die größte Zahl, die im Vierzehnersystem mit vier verschiedenen Ziffern geschrieben wird und durch 13 teilbar ist.

3) Wie heißt die kleinste durch 7 teilbare Zahl, die im Sechsersystem fünfstellig ist und aus lauter verschiedenen Ziffern besteht?

4) Sind die folgenden Dezimalzahlen durch 7 teilbar?
    a) 9191   b) 164191   c) 864192

8 Alternative Rechenverfahren

8.1 Zur Einführung

Die schriftlichen Verfahren zu den vier Grundrechenarten werden mit vergleichsweise geringfügigen Variationen[1] seit Langem in der heute üblichen Form (Normalverfahren) in den Klassen 3 und 4 thematisiert.

Tatsächlich sind die schriftlichen Rechenverfahren ein lohnender Unterrichtsgegenstand. Ohne Anspruch auf Vollständigkeit und nicht in ihrer Reihenfolge gewichtet, nennen wir einige Argumente:

– Man liefert sich nicht vollständig den Maschinen aus. Bei Abwesenheit des Taschenrechners kommt man auch durch eigenes Rechnen zum Ziel.

– Schriftliche Rechenverfahren sind ein gutes Beispiel für Algorithmen, so dass hier exemplarisch ein wichtiger Aspekt mathematischen Arbeitens vermittelt werden kann.

– Schriftliche Rechenverfahren können zu einem tieferen Verständnis unseres Zahlensystems führen – sie werden erst durch unsere Art der Zahldarstellung möglich.

Diese Argumente gelten natürlich nur, wenn die Verfahren wirklich verstanden werden.

Dennoch wird seit geraumer Zeit breit darüber diskutiert, wie schriftliches Rechnen in der Grundschule thematisiert werden soll, denn:

– Im Taschenrechner-Zeitalter verlieren die schriftlichen Verfahren zunehmend an lebenspraktischer Bedeutung. Wann haben Sie das letzte Mal eine schriftliche Multiplikation oder Division durchgeführt?

– Die schriftlichen Rechenverfahren, insbesondere diejenigen zur schriftlichen Subtraktion, Multiplikation und Division sind für Schüler vergleichsweise schwer zu entdecken. Ein entdeckender Unterricht wird aber nicht nur von den Rahmenrichtlinien eingefordert.

---

[1] Die Variationen beziehen sich bei der schriftlichen Subtraktion im Wesentlichen auf die Wahl eines abziehenden bzw. ergänzenden Verfahrens und verschiedene Übertragstechniken, bei der schriftlichen Division auf die verwendete Schreibweise und die Restnotation.

8.2 Schriftliche Addition und Subtraktion

- Der hohe Kompressionsgrad der in den Normalverfahren konkretisierten Algorithmen ist einerseits Grund für deren Effizienz, andererseits die Ursache für Verständnisprobleme (nicht nur) bei Grundschülern. Lassen Sie sich einmal von einem Zeitgenossen Ihrer Wahl das Verfahren zur schriftlichen Division begründend erklären.
- Mit dem o.g. Sachverhalt geht im Unterricht die Gefahr einher, dass unverstandene Verfahren automatisierend eingeübt werden, was zu den in vielen empirischen Untersuchungen nachgewiesenen vielfältigen Fehlermustern führt.

Akzentverschiebungen bei der Behandlung des schriftlichen Rechnens in der Grundschule scheinen unausweichlich:
Zunächst sollten alle Maßnahmen, die nur zu einer möglichst schnellen, sicheren, automatisierten Beherrschung aller möglichen Rechenfälle dienen, minimiert werden. Ferner muss das Verstehen eines Verfahrens, ggf. auch das Verstehen eines „leichteren" Verfahrens in den Vordergrund gerückt werden. In diesem Zusammenhang gewinnen die sogenannten *alternativen Verfahren* zunehmend an Bedeutung, teilweise zur Vorbereitung des schriftlichen Normalverfahrens, teilweise zu seiner Nachbereitung und zum tieferen Verständnis und teilweise als Ersatz für das Normalverfahren.

Wir verlassen an dieser Stelle bewusst den Rahmen eines konventionell fachmathematischen Buches und machen Sie mit einigen alternativen Rechenverfahren vertraut. Zusätzlich werden Sie Ihr Wissen über b-adische Stellenwertsysteme vertiefen, indem Sie die Normalverfahren auch in nichtdezimalen Stellenwert anwenden. Möglicherweise werden Sie gerade beim Rechnen in unvertrauten Stellenwertsystemen am eigenen Leib erfahren, dass bestimmte alternative Verfahren wirklich deutlich leichter sind als unsere Normalverfahren.

8.2 Schriftliche Addition und Subtraktion

Zu unserem Normalverfahren der schriftlichen Addition sind kaum nennenswerte Alternativen denkbar. Außer der Verwendung anderer Schreibweisen wie z.B. die rechts, die in Italien üblich ist, kann man statt von unten nach oben von oben nach unten addieren, was wir bei der Probe ja auch machen.

$$\begin{array}{r} 27+ \\ 39= \\ \hline \end{array}$$

Wie das Beispiel rechts zeigt, kann man mit der Addition auch bei dem höchsten Stellenwert beginnen. Allerdings sind dann bei Überträgen nachträgliche Berichtigungen notwendig, was dieses Vorgehen wenig empfehlenswert macht.

	H	Z	E
	5	7	3
+	3	5	8
	8	12	11
	9	2	11
	9	3	1

Während bei uns lange Zeit nach dem Ergänzungsverfahren kombiniert mit der Auffüll- oder der Erweiterungstechnik schriftlich subtrahiert wurde, ist weltweit die am meisten verbreitete Subtraktionsmethode die des *Abziehens mit Entbündeln*[2]. Inzwischen ist dieses Verfahren auch in Deutschland wieder erlaubt. Wir demonstrieren es an einem Beispiel.

	H	Z	E
	3	1	
	4̸	2̸	3
−	1	5	4
	2	6	9

3 Einer − 4 Einer geht nicht. Ich entbündele einen Zehner, das sind 10 Einer. 13 Einer − 4 Einer = 9 Einer.
1 Zehner − 5 Zehner geht nicht. Ich entbündele einen Hunderter, das sind 10 Zehner. 11 Zehner − 5 Zehner = 6 Zehner.
3 Hunderter − 1 Hunderter = 2 Hunderter.

Es gibt verschiedene Methoden, das Entbündeln zu notieren. Oben wurde nach dem Entbündeln der neue Wert in der entsprechenden Stelle notiert, wie es z.B. in der Türkei üblich ist. Oft wird in der Stelle, aus der entbündelt wurde, eine kleine Eins notiert. In manchen Ländern wird das Entbündeln auch gar nicht kenntlich gemacht, was wir für sehr fehleranfällig halten.

Als Vorteile dieses Verfahrens lassen sich sicher anführen, dass die zugrunde liegende Idee des Entbündelns nahe liegend ist und von Kindern nach entsprechender Vorarbeit auch selbständig entdeckt werden kann. Zudem ist es, vor allem in Sachsituationen, sicher „natürlicher", Subtraktionsaufgaben durch Abziehen statt durch Ergänzen zu lösen.

Einen bedeutenden Nachteil hat dieses Verfahren bei Aufgaben mit Zwischennullen im Minuenden und bei Aufgaben mit mehreren Subtrahenden. So sind im linken Beispiel unten keine Zehner oder Hunderter vorhan-

---

[2] Meist wird die nicht korrekte Bezeichnung *Borgen* verwendet.

8.2 Schriftliche Addition und Subtraktion

den, man muss also einen Tausender entbündeln in 9 Hunderter, 9 Zehner und 10 Einer. Das ist fehleranfällig. Beim rechten Beispiel müssen 2 Zehner und sogar 3 Hunderter entbündelt werden. Allerdings ließe sich dieses Problem leicht vermeiden, indem man zunächst die drei Subtrahenden addiert und in einem zweiten Schritt diese Summe vom Minuenden abzieht.

		5	9	9					1	0	2
		6̸	0̸	0̸	3				2̸	3̸	4̸	5
−			2	7		−			5	7	8
						−			1	9	4
		5	9	7	6	−			4	7	6
								1	0	9	7

Die Entbündelungstechnik ist ebenso gut mit dem Ergänzungsverfahren kombinierbar.

Im Folgenden lösen wir zwei Subtraktionsaufgaben mit der Entbündelungstechnik, einmal abziehend, einmal ergänzend, in nichtdezimalen Stellenwertsystemen. Die Sprech- bzw. dahinter liegende Denkweise ist unter der jeweiligen Aufgabe notiert. Dabei bedeutet E Einer, V Vierer, S Sechzehner, ZW Zwölfer und HV Hundertvierundvierziger.

Vierersystem

$$\begin{array}{r} 2\ 0 \\ 3̸\ 1̸\ 2_4 \\ -\ 1\ 3\ 3_4 \\ \hline 1\ 1\ 3_4 \end{array}$$

Zwölfersystem

$$\begin{array}{r} 3\ 3\phantom{_{12}} \\ 4̸\ 4̸\ 4_{12} \\ -\ e\ z_{12} \\ \hline 3\ 4\ 6_{12} \end{array}$$

2 E − 3 E geht nicht. Entbündele 1 V = 10_4 E. 10_4 E + 2 E = 12_4 E. 12_4 E − 3 E = **3** E.
0 V − 3 V geht nicht. Entbündele 1 S = 10_4 V. 10_4 V + 0 V = 10_4 V. 10_4 V − 3 V = **1** V.
2 S − 1 S = **1** S.

z E + wie viele E = 4 E geht nicht. Entbündele 1 ZW = 10_{12} E. 10_{12} E + 4 E = 14_{12} E. z E + **6** E = 14_{12} E. e ZW + wie viele ZW = 3 ZW geht nicht. Entbündele 1 HV = 10_{12} ZW. 10_{12} ZW + 3 ZW = 13_{12} ZW. e ZW + **4** ZW = 13_{12} ZW.
0 HV + **3** HV = 3 HV.

Übung: 1) Lösen Sie die folgenden Aufgaben schriftlich mit dem Abziehverfahren und der Entbündelungstechnik.

a) $5237_{10} - 2589_{10}$ c) $B0A4_{16} - 3C8D_{16}$
b) $1212_3 - 1022_3$ d) $2301_5 - 423_5$

2) Lösen Sie die folgenden Aufgaben schriftlich mit dem Ergänzungsverfahren und der Entbündelungstechnik.

a) $3603_{10} - 2144_{10}$ c) $4356_8 - 757_8$
b) $39e4_{12} - z58_{12}$ d) $10000_2 - 1111_2$

8.3 Schriftliche Multiplikation

Eine relativ geringfügige Modifikation unseres Normalverfahrens besteht darin, dass mit den Einern des zweiten Faktors begonnen wird statt wie bei uns mit dem höchsten Stellenwert. Dies ist in vielen Ländern üblich, z.B. in der Türkei, in Italien, Spanien oder Griechenland. Hinzu kommt meist noch eine andere Notation:

```
    3 2 4        Gerechnet wird dabei in folgender Reihenfolge:
  x   1 5        5 · 4 = 20, schreibe 0, merke 2.
  ─────────      5 · 2 = 10, 10 + 2 = 12, schreibe 2, merke 1.
  1 6 2 0        5 · 3 = 15, 15 + 1 = 16, schreibe 16.
  3 2 4          1 · 4 = 4, schreibe 4. 1 · 2 = 2, schreibe 2,
  ─────────      1 · 3 = 3, schreibe 3.
  4 8 6 0        Dann wird wie üblich addiert.
```

Das ist für uns zwar gewöhnungsbedürftig, es macht aber keinen prinzipiellen Unterschied. Schwierigkeiten bereiten auf jeden Fall das Merken und korrekte Weiterverarbeiten der Behalteziffern sowie die stellengerechte Notation der Teilprodukte. Diese Schwierigkeiten entfallen vollständig bei der folgenden Methode des schriftlichen Multiplizierens.

8.3 Schriftliche Multiplikation

Die Gittermethode

Die Faktoren werden oben und rechts an ein mit Quadraten und Diagonalen versehenes Feld geschrieben. Jede Ziffer des einen Faktors wird mit jeder Ziffer des anderen multipliziert und das Ergebnis zweistellig in dem von den beiden Ziffern zu erreichenden Feld notiert, der Zehner oberhalb und der Einer unterhalb der Diagonalen.

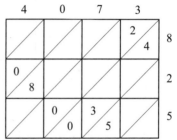

Im Beispiel rechts ist mit der Aufgabe 4073 · 825 begonnen worden. 8 · 3 = 24 wurde notiert, ebenso sind 2 · 4 = 8, 5 · 0 = 0 und auch 5 · 7 = 35 bereits eingetragen.

Da alle Teilprodukte vollständig notiert werden und nichts zu „merken" ist, spielt die Reihenfolge der Teilmultiplikationen keine Rolle.

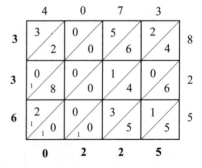

Nachdem auf diese Weise das gesamte Feld ausgefüllt wurde, werden die in einem Schrägstreifen stehenden Zahlen addiert und am Rande des Feldes notiert. Die letzte Stelle des Ergebnisses ist 5, die Zehnerstelle ergibt sich als 5 + 1 + 6 = 12, also 2 Zehner und 1 als Übertrag für die nächste Stelle, dann 1 + 0 + 3 + 4 + 0 + 4 = 12, also 2 Hunderter, 1 als Übertrag usw. Das Ergebnis ist 3 360 225.

Ein großer Vorteil dieses Verfahrens ist die Art der Handhabung von Überträgen. Alles wird aufgeschrieben, man muss sich nichts merken und nicht ständig zwischen Multiplikation und Addition hin- und herspringen. Ein weiterer Vorteil ist, dass Stellenwertfehler praktisch nicht auftreten können.

Durch eine geringfügige Modifikation des Gitters kann man auch erreichen, dass das Ergebnis in einer Zeile erscheint und nicht wie oben „über Eck":

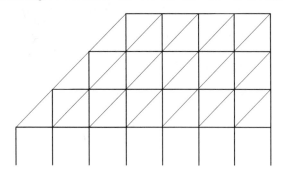

In diesem Gitter werden wir nun eine Aufgabe im Zwölfersystem rechnen. Da bei uns das Einmaleins im Zwölfersystem nicht „sitzt", genießen wir an dieser Stelle, dass wir uns auf die Multiplikation konzentrieren können und nicht auch noch Behalteziffern merken und addieren müssen, und dass wir uns keine Gedanken über die Reihenfolge der Rechnungen und die korrekte Anordnung der Teilprodukte machen müssen.

$2304_{12} \cdot 87z_{12} =$
$175z474_{12}$

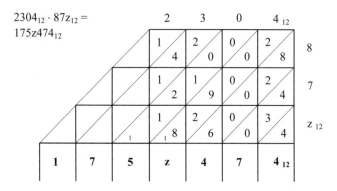

Dieses Verfahren ist keinesfalls eine Erfindung der neueren Didaktik[3], sondern stellt eines der im Mittelalter in Italien gebräuchlichen Verfahren, dort *multiplicare per gelosia* (Multiplikation nach Art der Jalousien) genannt,

---

[3] Es wird heute aber für die Grundschulmathematik wieder entdeckt, zum Beispiel im Zahlenbuch Band 4.

8.3 Schriftliche Multiplikation

dar[4]. Im Anschluss daran entstanden die *Rechenstäbchen* oder *Neperschen[5] Streifen*, die man als erste Rechenmaschine ansehen kann, die nach einer Einstellung „selbständig" rechnet. Der einfache Nachbau dieser „Maschine" mit Hilfe von Pappstreifen, die von den Kindern selbst zu beschriften sind, und das Rechnen mit den Neperschen Streifen ist eine lohnende Aktivität für Grundschulkinder.

Man braucht für jede Ziffer von 0 bis 9 einen Streifen, auf dem untereinander das Einfache, Zweifache, Dreifache usw. bis zum Neunfachen dieser Ziffer notiert ist, in diagonal halbierten Quadraten wie bei der Gittermethode. Sinnvoll ist zusätzlich ein Leitstreifen, auf dem die Zahlen von 1 bis 9 notiert sind, eventuell eingekreist oder als römische Ziffern, der neben die anderen Streifen gelegt sofort zeigt, das Wievielfache der entsprechenden Ziffer in einer Zeile des Streifens zu sehen ist. In der folgenden Abbildung sehen Sie die Streifen für 5, 7 und 3 sowie den Leitstreifen.

Den in dieser Weise nebeneinandergelegten Streifen kann man unmittelbar die Vielfachen von 573 entnehmen. So liest man in der 6. Zeile das Sechsfache von 573 als 3438 ab. Dabei werden die in einem Schrägstreifen auftretenden Zahlen addiert, also im Beispiel 0 + 4 und 2 + 1. Aber auch das 38-Fache von 573 lässt sich leicht ermitteln: Das Dreifache steht in Zeile 3, es beträgt 1719, also ist das Dreißigfache 17190, das Achtfache findet sich in Zeile 8 als 4584.
Folglich ist 573 · 38 = 17190 + 4584 = 21774.

Berechnen Sie zur Übung selbst einmal 573 · 917. Fertigen Sie sich selbst die Neperschen Streifen an und berechnen Sie verschiedene Aufgaben.

---

[4] Weitere mittelalterliche Verfahren finden sich bei Menninger 1979.
[5] Die Neperschen Streifen sind nach dem schottischen Mathematiker John Napier (1550 – 1617) benannt. Ihm verdanken wir auch die Logarithmen.

Das Verdoppelungsverfahren

Ein weiteres alternatives Verfahren der Multiplikation stellt die Verdoppelungsmethode dar. Wir demonstrieren sie an den Aufgaben 12 · 17 und 27 · 31 in zwei unterschiedlichen Schreibweisen.

Der Multiplikand wird fortgesetzt verdoppelt, links wird der jeweilige Faktor (Zweierpotenzen) notiert. Anschließend wird aus geeigneten Zweierpotenzen der Multiplikator zusammengesetzt (*-Zeilen), die entsprechenden Vielfachen des Multiplikanden werden addiert.

```
    *    1 | 12                  *  ·16   496
         2 | 24                  *   ·8   248
         4 | 48                      ·4   124
         8 | 96                  *   ·2    62
    *   16 |192                  *   ·1    31 · 27
   ─────────────────
   17 = 16 + 1 | 192 + 12 = 204         31 · 16 = 496
                                        31 ·  8 = 248
                                        31 ·  2 =  62
                                        31 ·  1 =  31
                                        ─────────────
                                        31 · 27 = 837
```

Auch dieses Verfahren ist keinesfalls neu. Schon die alten Ägypter haben ähnliche Algorithmen zum Multiplizieren benutzt. Über das reine Verdoppeln hinaus haben sie jedoch zusätzlich noch das Verzehnfachen in das Verfahren eingebaut. Die Aufgabe 219 · 54 hätten die Ägypter wie folgt berechnet:

```
           *    1 |    54
           *   10 |   540
              100 |  5400
           *  200 | 10800
                2 |   108
                4 |   216
           *    8 |   432
          ─────────────────────────────────────────
          219 = 200 + 10 + 8 + 1 | 10800 + 540 + 432 + 54 = 11826
```

8.3 Schriftliche Multiplikation

„Russisches Bauernmultiplizieren"

Hinter diesem Verfahren, das ebenfalls ein altbewährtes ist, steckt die Tatsache, dass sich eine Produkt nicht ändert, wenn ein Faktor verdoppelt und der andere halbiert wird, also z.B. $8 \cdot 5 = 4 \cdot 10 = 2 \cdot 20 = 1 \cdot 40$. Deshalb nennt man diese Methode auch *Verdoppelungs/Halbierungsverfahren*. Wir demonstrieren es zunächst an einem Beispiel, bei dem einer der Faktoren eine Zweierpotenz ist, also immer ohne Rest halbiert werden kann.

$529 \cdot 16 =$
$1058 \cdot 8 =$
$2116 \cdot 4 =$
$4232 \cdot 2 =$
$8464 \cdot 1$

Im Normalfall wird man beim Halbieren eines der Faktoren mal auf eine ungerade Zahl stoßen. Dann geht man zur nächst kleineren Zahl, die dann zwangsläufig gerade ist, über und fährt mit dieser fort. Den Fehlbetrag muss man vermerken und am Ende der Rechnung berücksichtigen. Beispiel:

$513 \cdot 28 =$ $\qquad$ $4104 \cdot 3$
$1026 \cdot 14 =$ $\qquad$ $4104 \cdot 2 = |\, 4104$
$2052 \cdot 7$ $\qquad$ $8208 \cdot 1$
$2052 \cdot 6 = |\, 2052$

Also: $513 \cdot 28 = 8208 + 4104 + 2052 = 14354$.
In ausführlicher Schreibweise wurde also das Folgende gerechnet:

$513 \cdot 28$
$= 1026 \cdot 14$
$= 2052 \cdot 7$
$= 2052 \cdot 6 + 2052$
$= 4104 \cdot 3 + 2052$
$= 4104 \cdot 2 + 4104 + 2052$
$= 8208 \cdot 1 + 4104 + 2052$
$= 14364$

Gegenüber unserem Normalverfahren sind die beiden zuletzt vorgestellten Verfahren insofern einfacher, als man mit dem Verdoppeln und, beim russischen Bauernmultiplizieren, Halbieren sowie der Addition auskommt, was uns relativ leichtfällt. Selbst in unvertrauten Stellenwertsystemen fällt uns das Verdoppeln nicht schwer, brauchen wir von den Einmaleinsaufgaben doch nur wenige im Kopf zu haben. Auch das Multiplizieren mit Zehnerpotenzen bereitet keine Probleme. Überzeugen Sie sich, indem Sie mit uns die Aufgabe $2200_3 \cdot 102_3$ rechnen:

1_3	102_3
2_3	211_3
11_3	1122_3
22_3	10021_3
2200_3	1002100_3

Die Vorzüge der hier vorgestellten alternativen Multiplikationsverfahren, also das relativ stressfreie und weniger fehleranfällige Rechnen, erkauft man sich mit einem höheren Schreibaufwand. Es ist hier nicht der Ort, diese Vor- und Nachteile auszudiskutieren. Wir wollten Sie lediglich mit einigen Möglichkeiten bekannt machen.

Übung: 1) Berechnen Sie mit der Gittermethode:
   a) $794_{10} \cdot 482_{10}$ b) $2403_5 \cdot 413_5$ c) $7B5_{14} \cdot A2D_{14}$

2) Berechnen Sie mit dem Verdoppelungsverfahren:
   a) $387_{10} \cdot 214_{10}$ b) $41_5 \cdot 2032_5$

3) Berechnen Sie durch „russisches Bauernmultiplizieren" die Aufgabe $4532_{10} \cdot 240_{10}$.

8.4 Schriftliche Division

Auch hier können wir zunächst feststellen, dass bei inhaltlich fast identischem Vorgehen andere Notationsformen möglich sind. So schreibt man z.B. in Griechenland und in der Türkei wie im Beispiel unten links, in Spanien und Portugal, wo man die Teilprodukte nicht notiert, sondern im Kopf gleich abzieht, noch kürzer wie im Beispiel unten in der Mitte.

8.4 Schriftliche Division

```
 483  | 17           483 : 17              28
- 34  | 28                              483 | 17
 ---                  483 | 17           34
 143                  ---                ---
-136                  143 | 28           143
 ---                                     136
 007                   07                ---
                                          7
```

Rechts oben sehen Sie die in Schweden übliche Schreibweise. Hierbei wird das Ergebnis oberhalb des Dividenden notiert, und zwar so, dass die Ziffern mit demselben Stellenwert übereinander stehen. Dies hilft sicherlich, die bei der schriftlichen Division häufig auftretenden Stellenwertfehler, insbesondere durch Zwischennullen oder Endnullen im Ergebnis, zu vermeiden, denn es fällt sofort auf, wenn Dividend und Quotient nicht rechtsbündig sind. Allen drei Darstellungsformen ist gemeinsam, dass sie ohne Gleichheitszeichen auskommen, wie bei uns die drei anderen Grundrechenarten ja auch. Durch diese gleichheitszeichenfreie Notation erspart man sich die Diskussionen darüber, wie ein eventuell auftretender Rest zu schreiben ist.

Wir wollen Ihnen nun zwei Verfahren vorstellen, die echte Alternativen zu unserem hochkomplexen Divisionsalgorithmus darstellen. Das erste Verfahren basiert auf der Division als fortgesetzter Subtraktion, das andere greift das Ihnen schon von der Multiplikation geläufige Verdoppeln auf.

Das Subtraktionsverfahren

Kinder, die die Division als Operation noch nicht kennengelernt haben, sind trotzdem oftmals in der Lage, Aufgaben folgender Art zu lösen:

Für 7 Kinder sollen Tütchen mit Gummibären gefüllt werden. Du hast 98 Gummibärchen.

Die Kinder werden verschiedene Wege beschreiten. Das eine zieht vielleicht so lange 7 ab, bis es bei 0 angekommen ist. Ein anderes wird vielleicht gleich 70 Gummibärchen abziehen („In jede Tüte kommen schon mal 10.") und sich dann den restlichen 28 Gummibären widmen. Wieder ein anderes wird zunächst viermal 7 Bärchen abziehen, kommt zur 70 und sieht dann, dass das weitere 10 Bärchen pro Tüte sind. Verschiedene Lösungswege sind möglich; das Kind kann selbst entscheiden, wie viele Schritte es bei einer Aufgabe braucht.

Unten wurde die Aufgabe 448 : 16 auf drei verschiedenen Wegen gerechnet.

```
   448                        448                           448
 -  16   1 Sechzehner       - 160   10 Sechzehner         -  48    3 Sechz.
   432                        288                           400
 -  32   2 Sechzehner       - 160   10 Sechzehner         - 320   20 Sechz.
   400                        128                            80
 - 160  10 Sechzehner       -  80    5 Sechzehner         -  80    5 Sechz.
   240                         48                             0
 - 160  10 Sechzehner       -  16    1 Sechzehner                 ─────────
    80                         32                                 28 Sechz.
 -  80   5 Sechzehner       -  32    2 Sechzehner
     0  ─────────────           0   ─────────────
         28 Sechzehner              28 Sechzehner
```

Wir werden mit dem Subtraktionsverfahren jetzt eine Divisionsaufgabe im Vierersystem lösen. Die Aufgabe lautet $212223_4 : 23_4$.

Vorüberlegung:

$1_4 \cdot 23_4 = 23_4$
$10_4 \cdot 23_4 = 230_4$
$100_4 \cdot 23_4 = 2300_4$
$1000_4 \cdot 23_4 = 23000_4$

```
      212223₄
   -      23₄        1₄
      212200₄
   -   23000₄     1000₄
      123200₄
   -   23000₄     1000₄
      100200₄
   -   23000₄     1000₄
       11200₄
   -    2300₄      100₄
        2300₄
   -    2300₄      100₄
           0₄
```

Ergebnis:

$212223_4 : 23_4 = 3201_4$

8.4 Schriftliche Division

Das Verdoppelungsverfahren

Ebenfalls an der Aufgabe 448 : 16 verdeutlichen wir das Verdoppelungsverfahren. Hierbei wird zunächst der Divisor fortgesetzt verdoppelt. Die Ergebnisse erleichtern das Auffinden des Teilquotienten und ersparen im Verlauf der Division das Multiplizieren.

```
· 1   16         448 : 16 = 28
· 2   32          32
· 4   64         128
· 8  128         128
                   0
```

Nun wird man nicht immer mit dem Zwei-, Vier- und Achtfachen des Divisors auskommen, wie es gerade in dem Beispiel oben der Fall war. Es empfiehlt sich daher, durch Addition des Zwei- und Vierfachen auch das Sechsfache des Divisors zu ermitteln und eine Schreibweise für den Fall zu vereinbaren, dass der Teilquotient zu klein gewählt wurde. Beispiel:

```
· 1   23                    1
· 2   46         199962 : 23 = 8684 = 8694
· 4   92          184
· 6  138          159
· 8  184          138
                  216
                  184
                   32
                   23
                   92
                   92
                    0
```

Übung: 1) Lösen Sie die folgenden Aufgaben auf verschiedenen Wegen durch fortgesetztes Subtrahieren:

a) 5598 : 18   b) 7881 : 37

2) Lösen Sie mit dem Verdoppelungsverfahren:

a) 82586 : 17   b) 213612 : 28

Literatur

Bartholomé, A., Rung, J., Kern, H.: Zahlentheorie für Einsteiger. Vieweg+ Teubner, Wiesbaden 2008^6

Beutelspacher, A.: Kryptologie. Vieweg+Teubner, Wiesbaden 2009^9

Enzensberger, H. M.: Der Zahlenteufel. Hanser, München 1997

Fritsche, K.: Mathematik für Einsteiger. Spektrum, Heidelberg, Berlin 1995

Ifrah, G.: Universalgeschichte der Zahlen. Kampus, Frankfurt 1987^2

Kirsch, A.: Mathematik wirklich verstehen. Aulis-Verlag Deubner, Köln 1987

Kramer, Jürg: Zahlen für Einsteiger. Vieweg+Teubner, Wiesbaden 2008

Neubrand, M., Möller, M.: Einführung in die Arithmetik. Franzbecker, Bad Salzdetfurth 1990

Menninger, K.: Zahlwort und Ziffer. Eine Kulturgeschichte der Zahl. Vandenhoeck & Ruprecht, Göttingen 1979^3

Müller-Philipp, S., Gorski, H.-J.: Leitfaden Geometrie. Vieweg+Teubner, Wiesbaden 2012^5

Padberg, F.: Elementare Zahlentheorie. Spektrum, Heidelberg, Berlin 1996

Rieger, G. J.: Zahlentheorie. Vandenhoeck & Ruprecht, Göttingen 1976

Scheid, H.: Elemente der Arithmetik und Algebra. Spektrum, Heidelberg, Berlin, Oxford 1996^3

Schlagbauer, A., Lemke, G., Müller-Philipp, S. (Hg.): Mathematik Hauptschule, NW, Band 5. Auer, Donauwörth 1991

Winter, H.: Neunerregel und Abakus - schieben, denken, rechnen. In: mathematik lehren, 11, August 1985, S. 22 - 26

Wittmann, E. u.a.: Das Zahlenbuch – Mathematik im 4. Schuljahr. Klett, Stuttgart 1997

Primzahltabelle bis 3000

2	3	5	7	11	13	17	19
23	29	31	37	41	43	47	53
59	61	67	71	73	79	83	89
97							
101	103	107	109	113	127	131	137
139	149	151	157	163	167	173	179
181	191	193	197	199			
211	223	227	229	233	239	241	251
257	263	269	271	277	281	283	293
307	311	313	317	331	337	347	349
353	359	367	373	379	383	389	397
401	409	419	421	431	433	439	443
449	457	461	463	467	479	487	491
499							
503	509	521	523	541	547	557	563
569	571	577	587	593	599		
601	607	613	617	619	631	641	643
647	653	659	661	673	677	683	691
701	709	719	727	733	739	743	751
757	761	769	773	787	797		
809	811	821	823	827	829	839	853
857	859	863	877	881	883	887	
907	911	919	929	937	941	947	953
967	971	977	983	991	997		
1009	1013	1019	1021	1031	1033	1039	1049
1051	1061	1063	1069	1087	1091	1093	1097
1103	1109	1117	1123	1129	1151	1153	1163
1171	1181	1187	1193				
1201	1213	1217	1223	1229	1231	1237	1249
1259	1277	1279	1283	1289	1291	1297	
1301	1303	1307	1319	1321	1327	1361	1367
1373	1381	1399					

1409	1423	1427	1429	1433	1439	1447	1451
1453	1459	1471	1481	1483	1487	1489	1493
1499							
1511	1523	1531	1543	1549	1553	1559	1567
1571	1579	1583	1597				
1601	1607	1609	1613	1619	1621	1627	1637
1657	1663	1667	1669	1693	1697	1699	
1709	1721	1723	1733	1741	1747	1753	1759
1777	1783	1787	1789				
1801	1811	1823	1831	1847	1861	1867	1871
1873	1877	1879	1889				
1901	1907	1913	1931	1933	1949	1951	1973
1979	1987	1993	1997	1999			
2003	2011	2017	2027	2029	2039	2053	2063
2069	2081	2083	2087	2089	2099		
2111	2113	2129	2131	2137	2141	2143	2153
2161	2179						
2203	2207	2213	2221	2237	2239	2243	2251
2267	2269	2273	2281	2287	2293	2297	
2309	2311	2333	2339	2341	2347	2351	2357
2371	2377	2381	2383	2389	2393	2399	
2411	2417	2423	2437	2441	2447	2459	2467
2473	2477						
2503	2521	2531	2539	2543	2549	2551	2557
2579	2591	2593					
2609	2617	2621	2633	2647	2657	2659	2663
2671	2677	2683	2687	2689	2693	2699	
2707	2711	2713	2719	2729	2731	2741	2749
2753	2767	2777	2789	2791	2797		
2801	2803	2819	2833	2837	2843	2851	2857
2861	2879	2887	2897				
2903	2909	2917	2927	2939	2953	2957	2963
2969	2971	2999					

Stichwortverzeichnis

Abakus 137
abgeschlossen 102
Abziehverfahren 162
Addition
— schriftliche 148
Additionstafel 103
Algorithmus
— euklidischer 66, 69
— Grundrechenarten 148
alternative Rechenverfahren 160
alternierende
— b-adische Quersumme 154
— Fünfer/Zweierbündelung 136
— Quersumme 112
— Zehner/Sechserbündelung 138
Annahme 4
Äquivalenz 14
Äquivalenzrelation 91
assoziativ 102, 104, 105
Auffülltechnik 162
Aussage
— wahre 2
Aussageform 9
Aussagenlogik 3
Axiome 2

b-adisch 143
— Quersumme 113, 154
— Zifferndarstellung 144
— Ziffernsystem 143
Basis 137, 146
Basiszahl 138
Behalteziffern 164

Beweis
— direkter 2
— durch Kontraposition 5
— durch vollständige Induktion 7
— durch Widerspruch 3
— indirekter 3
Binärsystem 143
Borgen 162
Bündeln 66
Bündelung 135

Chiffrieralgorithmus 122
chiffrieren 122
Chiffriermaschine 123
Chiffrierschlüssel 122

dechiffrieren 122
Dezimalsystem 91, 140
diophantische Gleichung 77, 111
— Anwendungssituationen 80
— graphische Lösung 82, 83
— Lösbarkeit 76, 77, 78
— Lösungsmenge 77, 79
— Restklassenverfahren 110
Disjunktion 3
distributiv 107
Division
— gleichheitszeichenfreie 171
— mit Rest 66, 67
— schriftliche 151, 170
— schwedische 171
Dualsystem 143, 147

dyadisch 143

Einheit 135
Einselement 107
Elferprobe 118
ENIGMA 122
Enstellenregeln 115, 116, 151, 152
entbündeln 162
entschlüsseln 122, 133
Entschlüsselungsexponent 130, 131, 132
Eratosthenes, Sieb des 44
Ergänzungsverfahren 149, 162
Erweiterungstechnik 149, 162
Euklid, Satz von 42
euklidischer Algorithmus 66, 69, 77
Euler, Satz von 128
Eulersche φ-Funktion

Fermat, kleiner Satz von 129
Fermatsche Primzahl 50
Fermatsche Zahlen 50
fortgesetzte Subtraktion 171
Fünfersystem 146

ggt-Kriterium 59
Gittermethode 165
Goldbachsche Vermutung 51
größter gemeinsamer Teiler 53, 56
Grundrechenarten 148

Gruppe 102, 103
Gruppentafel 103

Halbgruppe 106
Hasse-Diagramm 24, 34, 64
— Überlagerung 64, 65
Hauptsatz 27, 30

Implikation 2
Induktion, vollständige 7
Induktionsanfang 10
Induktionsannahme 10
Induktionssatz 9, 10
Induktionsschritt 10
Induktionsvoraussetzung 10
inverses Element 102, 104, 106, 107

Keilschriftziffern 138
kgV-Kriterium 61
Klartext 122
Klasseneinteilung 86, 97, 98
kleinstes gemeinsames Vielfaches 53, 56
kommutativ 102, 103, 107
Komplementärteiler 17
kongruent modulo m 88
Kongruenz 87, 88
— Anwendungen 108
Kongruenzrelation 91
— Eigenschaften 91
Kontraposition 5
Kryptoanalyse 121

Stichwortverzeichnis

Kryptographie 121
Kryptologie 121

lineare diophantische Gleichung
siehe diophantische Gleichung
Linearkombinationen 75
lösbar 104
— eindeutig 104
— nicht 107
— nicht eindeutig 107

Mersennesche Primzahlen 47
Mersennesche Zahlen 47
Modul 94
modulo 88
multiplicare per gelosia 166
Multiplikation
— schriftliche 150, 164
Multiplikationstafel 105

Nepersche Streifen 167
Neunerprobe 118
neutrales Element 102, 103, 106
Normalverfahren 148, 150, 161
Null 140

Pfeildiagramm 23
Positionsprinzip 138
Positionssystem 136, 137
prim 21, 56
Primfaktor 26
Primfaktorzerlegung 26, 57

— kanonische 31
Primzahl 22, 41
— Fermatsche 50
— Mersennesche 47
— Unendlichkeit 41
— Verteilung 42
Primzahldrilling 43
Primzahlkriterium 38
Primzahllöcher 41, 42
Primzahlzwillinge 43
private key 125
Produktregel 18
public key 125

Quersumme 86, 153, 154
— alternierende 113, 153, 154
— gewichtete 160

Rechenbrett 137
Rechenproben 117
Rechenstäbchen 167
Rechenverfahren
— alternative 160
reflexiv 2, 24, 91
Reihung 137
Relation 16, 17, 23, 91
Repräsentant 96
Rest 16, 86
Restklassen 86, 95
— Repräsentant 96
— Anwendungen 108
— Menge aller 97
— paarweise disjunkt 98
— Rechnen mit 99

— Vereinigung aller 98, 99
Restklassenaddition 100, 101
Restklassenmenge 97, 104
Restklassenmultiplikation 105
Ring 107
— kommutativer 107
RSA-Algorithmus 126, 130
RSA-Modul 130, 132
Russisches Bauernmultiplizieren 169

Schlüssel
— öffentlicher 125, 126, 131
— privater 125, 126, 131
Schlüsselwort 124
Sechsersystem 145, 150, 152, 155
Sechzehnersystem 146
Sexagesimalsystem 138
Stellentafel 149
Stellenwert 144
Stellenwertschreibweise 66
Stellenwertsystem 112, 137
— dezimales 112
Stellenwerttafel 87
Subtraktion
— schriftliche 149, 162
Subtraktionsverfahren 171, 172
Summenregel 19
Symmetrie 91

teilbar 16
Teilbarkeitskriterium 32

Teilbarkeitsregeln 86, 112, 151, 156
Teilbarkeitsrelation 16
— Eigenschaften 17
Teiler 16
— echter 16
— gemeinsamer 55
— größter gemeinsamer 53, 56
— kleinster echter 29
— komplementärer 17
— trivialer 17
— unechter 17
teilerfremd 56
Teilerkette 34
Teilermenge 21, 33
— Mächtigkeit 34
transitiv 17, 91

Überlagerung von Hasse-Diagrammen 64
Übertragstechnik 149

Verdoppelungs/Halbierungsmethode 169
Verdoppelungsmethode 169
Verdoppelungsverfahren 169, 173
Verknüpfung 106
— primäre 106
— sekundäre 106
Verknüpfungsgebilde 102
Verneinung 4
Verschiebechiffrierung 122, 123
verschlüsseln 122, 133

Stichwortverzeichnis 181

Verschlüsselungsexponent 130, 131
Verschlüsselungsverfahren
— symmetrische 125
— asymmetrische 125, 126
Vielfache des ggT 75
Vielfachenmenge 55
Vielfaches
— gemeinsames 55
— kleinstes gemeinsames 53, 56
Vierersystem 149
vollkommene Zahlen 23

Wahrheitstafel 3
Wechselwegnahme 72
Widerspruchsbeweis 3
Wohlordnung 28

Zahldarstellung 135
— Eindeutigkeit 139
Zahlen
— ägyptische 135
— Darstellung 135
— Fermatsche 50
— Mersennesche 47
— römische 136
— vollkommene 23
— zusammengesetzte 21
Zahlenraten 149
Zahlensystem 135
— ägyptisches 135
— babylonisches 137
— indisches 140, 141
— römisches 136

zahlentheorietische Funktion 127
Zahlschrift 140
Zehnerbündelung 135, 140
Ziffern 135, 140, 143, 144
— ägyptische 136
— arabische 140
— babylonische 138
— römische 136
Zifferndarstellung, b-adische 144
Ziffernsysteme, b-adische 143
zusammengesetzte Zahlen 22
Zwölfersystem 146, 155, 163